図解入門
How-nual
Visual Guide Book

よくわかる最新 高分子化学の基本と仕組み

現代社会に不可欠な高分子を知る

齋藤 勝裕 著

秀和システム

はじめに

　高分子という言葉は聞きなれないかもしれませんが、プラスチックといえば知らない方はいないでしょう。それならば書名を『プラスチックの科学』とでもすればよいようにお思いになるかもしれませんが、高分子＝プラスチックではありません。ゴムや化学繊維をプラスチックということはありませんが、ゴムもプラスチックも、おむつに使う高吸水性樹脂も、電気を通す導電樹脂も、防弾チョッキに使われるエンプラも、全ては高分子なのです。

　本書はプラスチックを主に扱いますが、それだけではなく、ゴムも化学繊維もエンプラも更には最新の機能性高分子も、全て扱います。そのために書名を『高分子化学』としました。

　現代に生きる私たちの生活は、プラスチックに代表される高分子の上に成り立っています。衣服も家電製品も文房具も家具も、更には家の内装の多くも高分子製です。その上、野菜も穀物も肉も魚も、食品の多くは天然高分子という高分子からできています。それどころか、私たち生物の体そのものも天然高分子製なのです。

　本書はこのような高分子化合物の構造、性質、合成法など、そのすべてをその基礎から解説しようというものです。本書を読むのに基礎知識は必要ありません。高校で化学を取っている必要もありません。本書を読むのに必要な知識は全て本書の中に説明してあります。

　本書を読んで高分子がどのようなものかを知っていただくことができたら大変に嬉しいことと思います。最後に本書執筆にあたって参考にさせていただいた書籍の著者、並びに出版社のみなさまにお礼申し上げます。

2021年2月

齋藤　勝裕

よくわかる
最新高分子化学の基本と仕組み
CONTENTS

第**0**章

高分子とは？

高分子とは何でしょうか？　高分子にはどんな種類がある
のでしょうか？　プラスチック以外の高分子ってあるので
しょうか？　高分子はどんな性質を持っていて、どのように
して作るのでしょうか？　そのような、人に聞きにくいよう
な高分子の基礎的な事柄を見ておきましょう。

高分子とは何だろう？

　世界史は大きく3つに分けることができます。石器時代、青銅器時代、鉄器時代です。鉄器時代はおよそ紀元前15世紀くらいに始まったのでしょうが、以来3500年経った現在も鉄器時代は続いています。

▶▶ 現代社会を支えるもの

　しかし現在の社会は重層社会です。簡単に1つのものが社会を支えているとはいえません。

　住居、マンション、道路、港湾、飛行場などの大規模インフラはコンクリートというセラミックスが支えています。そしてそのインフラの内部を支えているのはプラスチックという高分子です。つまり現代社会は鉄とセラミックスと高分子という3つのものが支えているのです。本書はこの3つのうち、高分子、つまりプラスチック、合成繊維、ゴムなどについて見ていこうというものです。

　一体、高分子にはどのような種類があるのでしょう？　高分子はどのような性質や機能を持っているのでしょう？　高分子の構造はどうなっていて、どうやって作るのでしょうか？　そもそも、高分子とはどのような化合物のことをいうのでしょうか？

　このようなことを順を追って見ていくことにしましょう。

▶▶ 生活と高分子

　周りを見渡してください。壁紙、カーテン、床、ほとんどはプラスチックか合成繊維です。電化製品はプラスチック容器に入っています。茶碗もボールペンも消しゴムもプラスチック製です。プラスチックのない生活を想像できるでしょうか？

　プラスチックは化学的にいうと高分子の一種です。高分子とは分子量が大きい、つまり大きな分子のことをいいます。しかし、ただ大きいだけでは高分子とはいいません。高分子というのは鎖のように同じ構造の小さい単位分子が何千個も繋がっ

た分子のことをいいます。つまり鎖のような分子です。鎖のワッカの１個１個が単位分子であり、鎖全体を高分子というのです。

　高分子の種類はプラスチックだけではありません。ゴムも合成繊維も高分子です。つまり、私たちの身の周りにあるものは、発泡スチロールと呼ばれるプラスチックも、ポリエステルやナイロンと呼ばれる合成繊維も、輪ゴムやタイヤに使われるゴムも全て高分子なのです。

　それだけではありません。コンタクトレンズや、義歯も、更には人工血管も高分子です。現代は私たちの外部だけでなく、"内部"にまで高分子が入ってきているのです。

ネコもシャクシも高分子

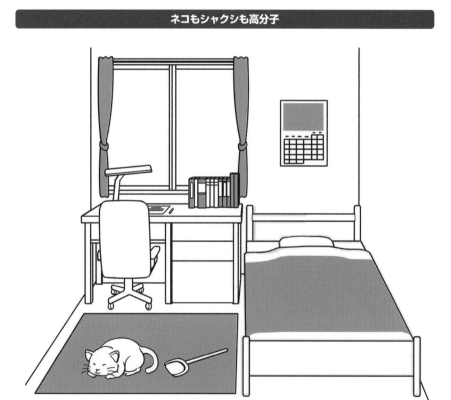

0-2

高分子の可能性

高分子はプラスチックのように人工的に作ったものだけではありません。自然界にもたくさんあります。私たちの体そのものが高分子の塊といってもよいようなものなのです。

▶▶ 生命体と高分子

植物はセルロースやデンプンで作られています。このセルロース、デンプンがそもそも高分子です。動物の体はタンパク質でできていますが、タンパク質も高分子です。それどころか、遺伝の本質を担うDNAやRNAという核酸も典型的な高分子なのです。

すなわち、高分子はプラスチックという名前で思い出す硬いキャビネットや、ゴムという名前で思い出すグニャグニャしたもの体だけでなく、生命を守り、生命を伝えてゆくという生命体の基本を支えているのです。

▶▶ 高分子の可能性

高分子のうち、人間が化学的に作り出したものを合成高分子といいます。このような高分子の歴史は未だ長くはありません。初期の高分子であるポリスチレンは19世紀に発明されていますが、高分子という概念が確立されたのは1926年にドイツの化学者で「高分子の父」と呼ばれるヘルマン・シュタウディンガーによるものです。

その後、1930年にアメリカの化学者ウォーレス・カロザースがナイロン66を発明した頃から各種の高分子化合物が次々と開発、合成され、今日の隆盛を築いたのです。その結果、今や、高分子化合物は日用品から機械部品、自動車や航空機、更には医療用機器、人造臓器とその活躍範囲を広げています。

▶▶ 高分子の限界

　しかし、それと同時に今までなかった問題も起こりつつあります。その最大の問題は廃棄の問題であり、プラスチック公害とまで呼ばれることもあるほどです。高分子の利点の1つは丈夫で、熱にも光にも薬剤にも強いということです。しかし、これは同時に不要になった場合に分解しにくいことを意味します。目に付かない環境には不要になったプラスチック製品が形を保ったまま放棄されています。海洋には砕けて細かくなったマイクロプラスチックが漂っています。

　これまで"合成"に主眼を置いてきた高分子化学は、今後は、"分解"にも心を配らなければならない時代に入ったといえるでしょう。

天然高分子

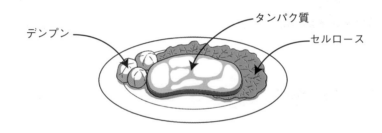

デンプン　　タンパク質　　セルロース

高分子のリサイクル

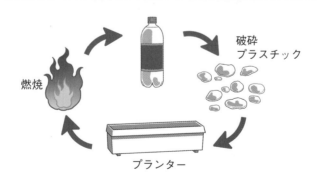

燃焼　　破砕プラスチック　　プランター

高分子の種類-1：構造

　高分子には多くの種類があります。プラスチックのように人間が作り出した合成高分子の他に、自然界には天然高分子があります。高分子の種類は大変に多いので、高分子のどの点に着目するかによって分類の仕方は何種類も出てきます。

　高分子の分子構造の違いによって分けてみましょう。科学的な分類です。まず、天然にある天然高分子と、人間が合成した合成高分子に分類することができます。合成高分子は大きく3つ、すなわちゴム、熱硬化性高分子、熱可塑性高分子に分けることができます。そして熱可塑性高分子は更にいわゆるプラスチックに相当する合成樹脂と合成繊維に分類することができます。各々の例と性質を見てみましょう。

▶▶ 天然高分子

　自然界に存在する高分子で、主に生体の体を作っています。よく知られたものにデンプン、セルロース、タンパク質があります。DNAやRNAなどの核酸も天然高分子です。

▶▶ 合成高分子

　化学合成によって作った高分子です。

ゴム：天然にもありますが、現在使われている主なゴムは合成品です。ゴムは力を加えると伸び縮みすることが特徴です。

熱可塑性高分子：ポリエチレンのコップにお湯を入れるとグニャリと曲がってしまいます。このような高分子を熱可塑性高分子といいます。プラスチックや合成繊維の多くは熱可塑性高分子です。

熱硬化性高分子：熱可塑性高分子と反対に、加熱しても軟らかくならず、更に過熱すると木材のように焦げてしまう高分子です。お椀などの食器、鍋の取っ手、電気のコンセントなどに使われます。

合成樹脂：いわゆるプラスチックです。インスタントカップ麺の入っている発泡ポ

リスチレン、家電製品のキャビネット、バケツなどなど、多くのものがあります。一般には熱硬化性樹脂もプラスチックに含めることがあります。

合成繊維：ナイロンやポリエステルなどと呼ばれる、合成的に作った繊維です。科学的には合成樹脂と全く同じものです。形状が違うだけといってよいでしょう。

高分子の化学的分類

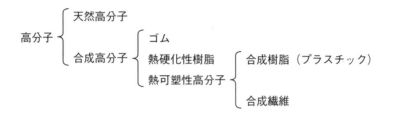

熱可塑性樹脂と熱硬化性樹脂

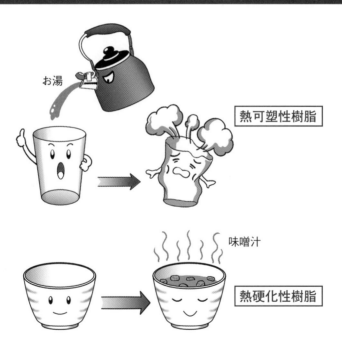

高分子の種類 - 2：用途

　　高分子は色々の製品を作るための材料です。そのため、高分子を用途や機能によって分類することも行われます。そのような分類に従うと次のようになります。

▶▶ 汎用樹脂

　　最も一般的な熱可塑性高分子で、耐熱温度は100℃前後です。コップやバケツ、各種容器などの日用雑器に使われます。大量生産され、価格も安いことが特色です。

　　4大汎用樹脂といわれるものがあり、それはポリエチレン、ポリ塩化ビニル、ポリスチレン、ポリプロピレンです。プラスチックの総生産量の80%は汎用樹脂といわれています。

▶▶ エンプラ

　　エンジニアリングプラスチック（工業用合成樹脂）の略です。耐熱性の高いのが特色で、350℃程度まであります。工業的な用途に使われるもので、少量生産のため高価になります。耐熱温度が250度以上のものを特にスーパーエンプラということがあります。これは炎に当てても平気であり、ドライアイス温度（-80℃）に下げても変質しません。

▶▶ 機能性高分子

　　高分子に色々な機能を付与したものを機能性高分子といいます。電気を通す導電性高分子、オムツや生理用品として注目される高吸水性高分子などがあります。

▶▶ 複合材料

　　高分子は全ての分野で優れているわけではありません。ある方面では優れていても他の分野ではそれほどでもないことはいくらでもあります。このようなとき、ある高分子と他の高分子を混ぜてやるのです。

　混ぜるというのは、分子スケールで混ぜるということもありますし、鉄筋コンクリートのように各々の部分に分けて合体することもあります。このようなものを複合材料といいます。炭素繊維と熱硬化性高分子を組み合わせたものは軽くて丈夫ということから、航空機の機体として欠かせないものになっています。そのうち自動車にも使われることでしょう。

高分子の分類（用途・機能別）

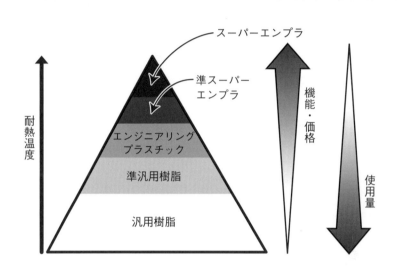

スーパーエンプラ

準スーパー
エンプラ

エンジニアリング
プラスチック

準汎用樹脂

汎用樹脂

耐熱温度

機能・価格

使用量

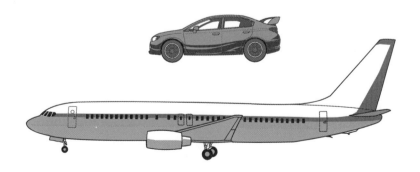

0-5

高分子の構造

　物質は例外的なものを除けば全て分子できています。高分子も分子でできていますが、その分子構造は普通の分子と違った大きな特色があります。それは、分子の形が非常に長いということです。

▶▶ 高分子は鎖構造

　「高分子」は分子量の大きい分子という意味です。分子量は分子を構成する原子の原子量の総和ですから、分子量が大きいことは分子を構成する原子の個数が多い、つまり大きい分子ということになります。

　普通のプラスチックは熱可塑性高分子ですが、この分子構造は、ただひたすら長いひものようだ、といえばよいでしょう。このような長い分子はどのような構造を持っているのか？　これがまた、非常に簡単です。要するに鎖と同じなのです。鎖は無限に長く連なることができますが、それは同じリングが繋がっているからです。

　熱可塑性高分子はこの鎖と同じ構造です。リングに相当する小分子、つまり単位分子、単量体がたくさん連なったのが高分子なのです。「単位分子が共有結合で繋がっている」これが高分子の絶対条件です。

▶▶ 鎖の輪の構造

　高分子を構成する単位分子を単量体（モノマー）といいます。それに対して多くの単量体が結合したものを高分子、あるいは多量体（ポリマー）といいます。"モノ"はギリシア語の数詞で"1"、"ポリ"は"たくさん"を意味します。

　モノマーの構造は多くの場合、非常に簡単なものです。典型的な例はポリエチレンでしょう。これは"ポリ・エチレン"の名前の通り、"エチレンがたくさん"結合したものです。エチレンの構造は$H_2C=CH_2$造であり、非常に簡単です。これがたくさん、共有結合で結合したものがポリエチレンなのです。

　このように、ポリエチレンという鎖を作る個々のリングはエチレンという分子で

あり、リングの種類は1種類だけです。しかし、高分子の場合、リングの種類は1種類だけとは限りません。PETではアルコール誘導体とカルボン酸誘導体という2種類のモノマーが鎖を作ります。DNAは一般にA、T、G、Cという記号で表される4種類のモノマー、タンパク質の場合にはアミノ酸と呼ばれる20種類のモノマーが鎖を構成します。

高分子の鎖構造

原子　　　　　　小分子　　　　　　　　高分子

高分子の鎖の輪の構造

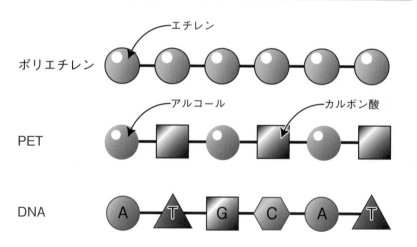

0-6

高分子の作り方

高分子は小さい単位分子がたくさん繋がったものです。それでは、これら単位分子を繋げる結合はどのようなものなのでしょう。

▶▶ ポリエチレン

ポリエチレンは高分子の中でも最も簡単で単純な構造を持つものです。ポリエチレンの結合には高分子の結合の本質が現れています。

先に見たようにポリエチレンはエチレン分子がたくさん結合したものです。エチレンの結合は図に示したようなものです。1個の炭素に2個の水素が結合したCH_2単位が2個、二重結合で結合したものです。

エチレンを構成する結合は全て共有結合です。共有結合は複雑な結合で、色々な側面を持っていますが、簡単にいえば原子同士が手をとり合って握手したものと考えてよいでしょう。二重結合は両手での握手と考えます。

エチレンを構成する2個の炭素が片方の握手をほどいたらどうなるでしょう？2個の炭素は、それぞれ1本ずつの手を余らしてブラブラさせることになります。このようなエチレンが2個集まって、互いに余らしている手で握手をしたらどうなるでしょう？　2個のエチレンが結合し、4個のCH_2単位が連続することになります。

このような結合が繰り返したものがポリエチレンです。従ってポリエチレンはCH_2単位が何万、何十万個と共有結合で結合したものなのです。このような反応を一般に重合反応といいます。

▶▶ ポリエステル

2個の分子を結合する方法は、ポリエチレンのような重合反応だけではありません。アルコールR-OHとカルボン酸R-COOHの間で水分子H_2Oが取れると、エステルR-COO-Rとなります。このような反応をエステル化といい、できた高分子をポリエステルといいます。PETはその1つです。ナイロンも同じように2種類の単位分

子からできてますが、ナイロンの場合はアミンR-NH₂とカルボン酸R-COOHの間の反応で、できたものはアミドといわれます。そのためナイロンはポリアミドといわれます。

ポリエチレンの結合

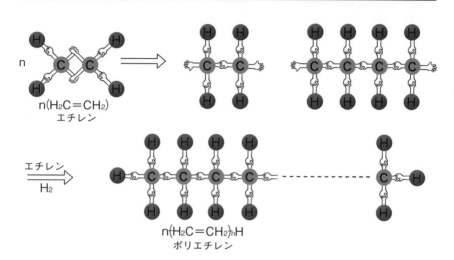

n

$n(H_2C=CH_2)$
エチレン

エチレン
H₂

$n(H_2C=CH_2)_nH$
ポリエチレン

ポリエステルの結合

H-O-CH₂CH₂-O H HO -C-◯-C-OH
　　　　　　　　　　║　　　║
　　　　　　　　　　O　　　O

エチレングリコール　　　テレフタル酸
（アルコール）　　　　　（カルボン酸）

-H₂O　→　H-O-CH₂-CH₂-HO-C-◯-C-OH
　　　　　　　　　　　　　　║　　　║
　　　　　　　　　　　　　　O　　　O

（エステル）

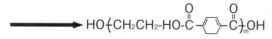

→　HO(CH₂CH₂-HO-C-◯-C)ₘOH
　　　　　　　　　　║　　║
　　　　　　　　　　O　　O

ポリエチレンテレフタレート PEF
（ポリエステル）

0-7

高分子の性質

　高分子の分子構造は普通の分子のものとは大きく異なっています。その結果、高分子は普通の分子とは異なった性質を持つことになります。ここでは予備知識として、結晶性、熱的性質、溶媒に対する溶解性について見ておくことにしましょう。

▶▶ 結晶性

　図は熱可塑性高分子の集合状態です。毛糸のように長い高分子の鎖状構造（高分子鎖）が寄せ集まっています。その寄せ集まり方に二種類あることがわかります。1つは多くの高分子鎖が、同一方向を向いて束ねられたようになった部分と、それ以外の、方向性のない部分です。

　束ねられたように見える部分を結晶性部分といい、それ以外の部分を非晶性部分といいます。結晶性の部分は分子間隔が短いので分子間力が働き、ますます強固に束ねられるようになります。その結果、毛利元就の「三本の矢の教え」のように物質全体としての強度も上がることになります。物質全体としてこのような結晶性部分だけになったものが合成繊維と呼ばれるものなのです。

▶▶ 熱的性質

　普通の分子の固体（結晶）を加熱すると融点で溶けて液体となり、更に過熱すると気体となって蒸発します。一般に高分子は鎖の長さが異なり、純粋物質ではありませんので、シャープな融点を示すことはありません。

　しかし暖めると少しずつ体積が増え、膨張してゆきます。そしてある温度に達すると軟らかいゴム状になります。更に加熱するといつしか溶けて流動性のある液体状になります。

▶▶ 溶解性

　発泡ポリスチレンの白い固体にミカンの皮からはじき出した油（リモネン）をか

けると溶けてしまうように、高分子も溶媒に溶けます。そのよう子を図に示しました。

　溶媒の分子はまず、非晶性の部分に入って膨潤させ、徐々に結晶性の部分に入って、やがて全体を溶かしてしまいます。つまり、最終的には高分子鎖1本1本が溶媒に囲まれて（溶媒和）、高分子溶液となります。

熱可塑性高分子の集合状態

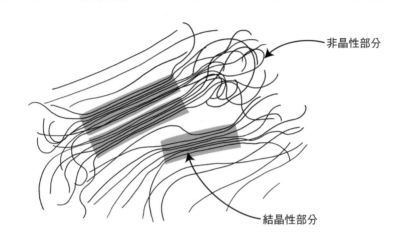

非晶性部分

結晶性部分

高分子の溶解性

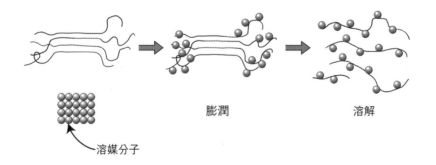

膨潤

溶解

溶媒分子

MEMO

第 **1** 章

活躍する高分子

　私たちの生活は、目を向けるところ全てに高分子があります。机の上や室内だけではありません。事務室はもちろん、工場も農場も漁業場も劇場も高分子で埋め尽くされています。高分子は私たちの生活を豊かにし、社会活動や経済活動を活発にするために活躍しているのです。

高分子とは

　本書は『高分子化学の基本と仕組み』の表題の通り「高分子」について解説する書籍です。高分子という言葉はあまり一般的ではないかもしれません。プラスチックといった方がわかり易いかもしれません。しかし、「高分子」と「プラスチック」は似ているようですが違います。プラスチックは高分子の一種なのです。高分子はプラスチックの他に、ゴムや繊維など多くのものを含みます。本書はそのようなものをも紹介しようというのです。

▶▶ 高分子の定義

　高分子というのは、元々は「分子量の高い（大きい）分子」という意味です。分子量というのは、分子を構成する原子の持つ原子量の総和のことをいいます。つまり、分子を構成する原子の個数が多ければ多いほど分子量は大きくなります。水 H_2O、エチレン C_2H_4、ベンゼン C_6H_6 など普通の分子の分子量はせいぜい数百です。それに対して高分子の分子量は数十万、数百万になることもあります。高分子は、簡単にいえば巨大な分子のことをいうのです。

▶▶ プラスチックとは

　「プラスチック」は日本語でいえば「合成樹脂」です。樹脂というのは、松脂や漆、天然ゴムのように植物が分泌する粘性の高い有機物のことです。樹脂は乾燥すると固体になりますが、暖めると軟らかくなって、粘土のように形態を自由に変えることができます。これを熱可塑性があるといいます。このような天然の樹脂を人工的に作ったものが合成樹脂、プラスチックなのです。

　ところが天然樹脂を調べると、分子量が大変に大きいことがわかりました。つまり、天然樹脂は高分子の一種だったのです。それだけではありません。セルロースもタンパク質も、それを主成分とする植物性、動物性繊維も分子量の大きい高分子でした。

つまり、高分子といわれるのは、樹脂だけでは無かったのです。樹脂はもちろん、植物を作るセルロースもデンプンも、動物を作るタンパク質も高分子だったのです。

　本書はプラスチックつまり合成樹脂だけを扱う書ではありません。合成樹脂も天然樹脂も、繊維もゴムも、その他の類似物質も全部を紹介しようと欲張った企画を抱えているのです。

高分子の定義

普通の分子
$$H_2O \quad ：水 \quad ：分子量＝1×2+16=18$$
$$H_2C=CH_2 \quad ：エチレン \quad ：分子量＝1×4+12×2=28$$
$$\bigcirc (C_6H_6) \quad ：ベンゼン \quad ：分子量＝1×6+12×6=78$$

（原子量：H＝1、C＝12、O＝16）

高分子
$$H(CH_2\text{–}CH_2)_n H：ポリエチレン：分子量＝1× 数千＋12× 数千＝数万$$
$$n= 数千〜数万$$

プラスチックの概念

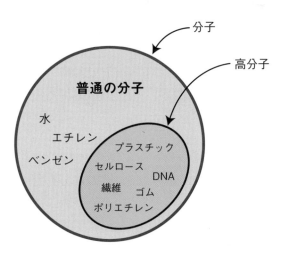

家庭で活躍する高分子

私たちはプラスチックに囲まれて生活しています。現代ではプラスチックのない家庭は考えられません。

▶▶ 合成樹脂と合成繊維

周りを見渡せばプラスチックだらけです。ボールペン、消しゴム、定規、みなプラスチック製です。パソコンのボディもプラスチックですし、テレビやクーラー、加湿器などの家電製品のボディはほとんど全てがプラスチックです。飲みものの瓶もプラスチックです。

天然物のように見えるものの多くもプラスチックです。最近の家なら柱、壁、天井の多くはコンクリートや合板にプラスチックのフィルムを貼ったものです。お風呂の多くもプラスチック製ではないでしょうか？　壁の中や天井裏には発泡スチロールが使われ、泡の中の空気が断熱や遮音効果を発揮しています。

私たちが身に着ける衣服もその多くは合成繊維、すなわち高分子製です。学生時代に着た学生服の繊維はテトロンでした。これはペットと同じ高分子です。スカートの裏地はポリエステルといわれる繊維でこれもペットと同じものです。

窓にかかるカーテンもほとんどは合成繊維です。火事になっても燃えにくい難燃性を考えると、機能面では天然繊維より合成繊維の方が優れているのです。

▶▶ 機能性高分子

以前の高分子は安価で丈夫な素材であり、バケツやおかず入れなどの簡単な容器やシートに使われました。しかし現在では違います。高分子は特別の、自分にしかできない機能を手に入れたのです。このような高分子を特に機能性高分子といいます。

紙オムツなどに利用されるのは高吸水性高分子であり、ブラジャーのカップの形を保ち続けるのは形状記憶高分子です。またATMの表面には伝導性高分子という

電気を通す高分子が貼られています。水道の浄水場では、水の濁り成分を沈殿させる高分子を加えており、また海水を真水に換える魔法のような高分子もできています。

　今や高分子の用途は容器や衣服など、天然高分子の真似だけではないのです。高分子、プラスチックは進歩し続けており、これからも進歩を続けます。

合成樹脂と合成繊維

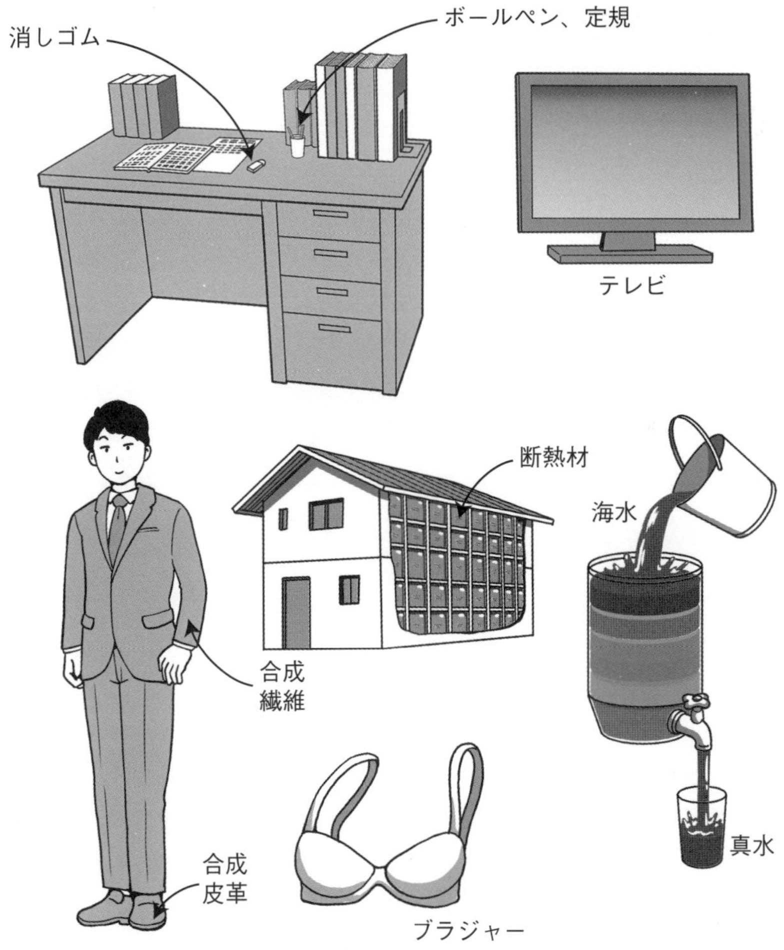

消しゴム

ボールペン、定規

テレビ

断熱材

海水

合成
繊維

真水

合成
皮革

ブラジャー

1-3

社会で活躍する高分子

高分子はハードからソフトまで現代社会のあらゆる面に浸透し、社会を根底から支えています。

▶▶ 情報交換

30年前の一般人の通信手段は固定電話だけでした。ハムといわれた無線通信は特別の資格を持つ人だけに許された特技のようなものでした。それが現在ではどうでしょう？　スマホを持たないのは私のような変わり者くらいではないでしょうか？　しかし私とてパソコンは持っており、メールが無ければ仕事はできません。

現代社会のあらゆる活動は情報交換を通して繋がり、広がっています。その情報交換を担うのが磁気です。しかし、その磁気を支えているのは高分子です。磁性を発現する本体は鉄などの金属ですが、それを支えている担体は高分子のフィルムです。高分子フィルムにわずかばかりの磁性分子が塗布されているのです。高分子が無かったらどうなるでしょう？　素子の担体を何で作ればよいのでしょう？　金属？　ガラス？　磁器？　木製？　紙？　しかし、木も紙も広い意味では高分子です。

▶▶ 印刷・複写

毎日膨大な量の印刷物が社会を流通していますが、そのインクにも高分子が使われています。インクは顔料を溶剤に分散させたものですが、高分子は顔料の分散を助け、顔料が沈殿したり凝固硬化したりするのを防ぐ役目として欠かせません。

以前は複写を取るときは紙の間に黒いカーボン紙を挟んで行いました。現在では白い紙を重ねるだけです。これは、上の紙の裏側と下の紙の表面に高分子製のマイクロカプセルが塗ってあり、それぞれに試薬AとBが入っているのです。両方を重ねて鉛筆で書くと、マイクロカプセルが潰れてA＋B＝黒という化学反応が起こるのです。つまり複写ができるのも高分子のおかげなのです。

▶▶ ATM

　昔は有機物、すなわちプラスチックは電気を通さないといわれました。しかし、現在では電気を通すどころか磁石に吸い付く磁性高分子も開発されています。全て機能性高分子です。

　ATMでは、画面を指で押さえると必要な情報が発信されます。これは画面が電極になっており、特定力所を指で押さえることで特定の情報がインプットされるのです。このようなことが可能なのは、画面が伝導性高分子でできているからです。

現代社会を支える高分子

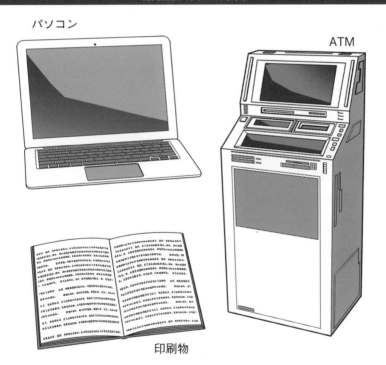

パソコン

ATM

印刷物

工業で活躍する高分子

高分子は工業で生産されます。高分子がその生まれ故郷で活躍しないはずはありません。むしろ、最も活躍しているのが工業分野といっても過言ではないでしょう。

▶▶ エンプラ

工業関係の方はプラスチックのことをよく「エンプラ」といいます。エンプラとは「エンジニアリング・プラスチック」つまり工業用プラスチックの略です。

エンプラと普通のプラスチックの違いは何かといえば、色々ありますが、一番の違いは耐熱温度の違いです。普通のプラスチックは、安物の透明なプラスチックコップにお茶を入れるとグンニャリとして危険なことからもわかるように、耐熱温度は100℃もないようです。

しかしエンプラは違います。高いものは350℃を越えます。これくらいになると自動車のエンジン周りにも使うことができるといいます。その他に、硬くて靱性も強い、要するに、金属やセラミックスは硬いが脆くて砕け易いのに比べて、脆くないというわけです。ということで、金属に代わる場所、つまり危険に対する防具や、歯車などにも使われます。

▶▶ 新金属

ということで、今やエンプラに代表される高性能プラスチックは工業面では金属に置き換わる勢いを持って活躍しています。その上、プラスチックは金属、セラミックスに比べて軽くて柔軟であり、錆びることも、折れることもありません。また摩擦が少ないので、歯車に用いた場合には潤滑油が不要という利点もあります。

軽くて強いという利点は航空機の機体としてこの上ない利点です。ということで炭素樹脂を利用した複合材料は今や民間航空機にひっぱりだこであり、性能第一の戦闘機では必需品となっています。将来はプラスチックモデルではないですが、プラスチック製の戦闘機、戦車、駆逐艦が戦闘をする時代になるかもしれません。

　戦車がプラスチック製になる前にプラスチック製になるのは民生用の自動車です。軽くて丈夫な材料が自動車に用いられないはずはありません。高性能、高級自動車ほどプラスチック製になってゆくでしょう。最近では3D印刷で作ったピストルに殺傷能力があることが問題になっています。3D印刷物はプラスチック製です。

　現代は鉄器時代といわれますが、実は高分子時代は既に始まっているのかもしれません。

エンプラの活用例

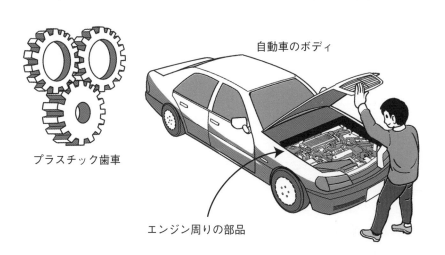

プラスチック歯車

自動車のボディ

エンジン周りの部品

炭素樹脂の活用例

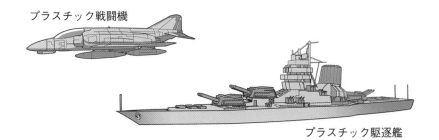

プラスチック戦闘機

プラスチック駆逐艦

農業で活躍する高分子

かつて農業は情緒あふれる田園産業でしたが、現在の農業は最先端技術と設備、器具を駆使したものに変貌し、土壌と植物を対象にした工業の観があります。

▶▶ ビニールハウス

現代の農業地帯に行くと、水田以外のところは白い建物で覆われています。白いのは高分子の一種である塩化ビニルなどのプラスチックシートで、建物はビニールハウスと呼ばれる簡易建築です。

中で栽培されているのはイチゴ、メロンなどの高級果実だけではありません。ナス、キュウリ、トマトなどの日常野菜が鈴なりです。蔓を絡ませる支柱もネットも、昔のような竹や麻ひもなどではありません。全てはプラスチック製で、緑に美しく作られています。露地栽培されている果実や野菜は何やら虐げられているような感覚で居るのではないでしょうか？　その分、たくましく、栄養たっぷりに育つのかもしれませんが。

かつては重い金属でできていて使用が大変だった農器具の多くは軽くて丈夫なプラスチック製に置き換わっています。おかげで若い女性も重労働無しに、指のプラスチック製付け爪を傷つけることなく農作業ができる状態です。

▶▶ 水田

さすがにビニールハウスでの水田稲作は未だないようですが、水田も昔の泥と水だけでできているわけではありません。田んぼを仕切るあぜ道の内部には発泡ポリスチレンが埋められています。手抜きではありません。その方が保水性がよく、モグラに穴を空けられて水漏れを起こす恐れがないのです。

田んぼに水を送る用水路のコンクリートは細かいヒビから水が漏れることのないよう、プラスチック繊維を混ぜてヒビが入りにくいようにしてあります。

果実園でも、果実にかぶせる袋にはプラスチックがコーティングしてあります。

その方が雨に強く、長持ちするのです。殺菌剤や殺虫剤を散布する噴霧器も、多くは
プラスチック製で軽く、扱い易いようになっています。作業着も合成繊維製の軽く
て動き易いものになり、長靴も軽いプラスチック製で昔のような重いゴム製のもの
は博物館でも行かないと見られないようです。

ビニールハウスでの高分子活用例

塩化ビニル

水田での高分子活用例

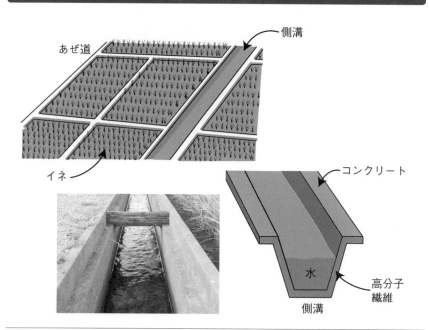

あぜ道

側溝

イネ

コンクリート

水

高分子
繊維

側溝

漁業で活躍する高分子

　漁業に糸は必需品です。漁網は糸を編んで作りますし、釣糸は糸そのものです。そして糸といえば、丈夫なのは何といっても高分子でできた合成繊維です。

　現代の漁業は二種に分かれています。海や川で魚を捕まえる採取漁業と、囲まれた海や陸上の池で魚介類を育てる養殖漁業です。日本ではだんだん養殖漁業の割合が高くなっています。

▶▶ 採取漁業

　採取漁業といえば一番の必需品は漁網です。安来節でお馴染みのドジョウすくいで使う小さな網も、北洋トロール漁業で使う巨大な漁網も全ては網で、糸を編んで作ります。漁網の多くは合成繊維のナイロンでできています。

　漁網だけではありません。大型の魚ははえ縄という、長いロープにたくさんの枝糸を付け、その先に針と餌を付けた装置で魚を釣ります。このロープも枝糸も多くはナイロン製です。

　そして漁に使うロープはもちろん、船の係留などに使うロープも全て高分子からなる合成繊維です。その上、係留される船も、小型のものの多くはグラスファイバー製です。グラスファイバーというのはガラス繊維で織った織物をプラスチックに漬けて固化させたもので一般に複合素材といわれるものです。鉄筋コンクリートに例えれば鉄筋がガラスであり、セメントがプラスチックです。

▶▶ 養殖漁業

　養殖漁業も同じようなものです。海で養殖する場合には海に網でできた巨大な箱を浮かべ、その中でタイやハマチやフグを飼います。網はもちろん高分子であり、その箱を浮かべる浮きも、以前はガラス製でしたが現在はプラスチック製です。簡単には発泡ポリスチレンを使うこともできます。

　陸上での養殖には池を使いますが、池は必ずしも地面に埋める必要はなく、厚め

のビニールシートあるいは防水加工を施した合成繊維の布で作った水槽で養殖することもあります。その方が、魚が水槽の壁に衝突した場合のダメージが少ないといいます。

　魚を市場に運ぶ場合の容器は、現在では100%プラスチックといってよいでしょう。軽くて断熱性に優れた発泡ポリスチレンは氷詰めにした魚の運搬に最適なのです。

はえ縄漁での高分子活用例

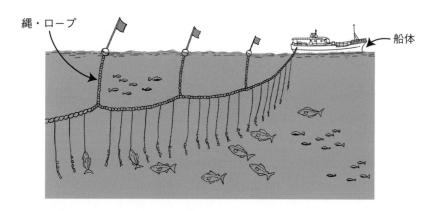

縄・ロープ

船体

養殖での高分子活用例

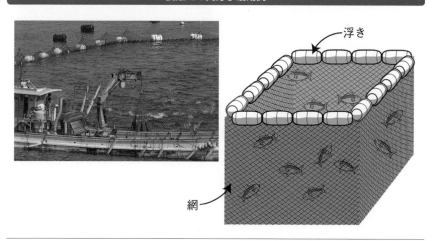

浮き

網

商業・サービス業で活躍する高分子

　現代の商業・サービス業はプラスチック無しでは存在できません。全ての商品はプラスチックで包装され、買ったらまたプラスチック製の袋に入れられます。レストランの飾り付けのほとんど全てはプラスチックといってよいでしょう。演劇だって同じです。大道具、小道具の多くはプラスチック製で、役者さんの化粧品であるドーランにも高分子が混じっています。

▶▶ 商業

　コンビニやスーパーが商業の中心というわけではありませんが、これらは商業のショーウインドーとなっているのではないでしょうか?

　ここはまるで高分子のショーウインドーのようなものです。飾り付けの多くはプラスチックです。商品の多くは繊維製品でありその多くは合成繊維を含んでいます。食品も多いですがその重量の数%は包装のためのプラスチックではないでしょうか?

　プラスチック包装に印刷されたインクにはまたプラスチックが含まれています。まるでプラスチックで飾られた虚飾の世界の様な気さえします。その上、例えば菓子を買うと丁寧にプラスチック包装された菓子をプラスチックで印刷された箱に入れて紙で包み、同じような袋に入れてくれます。菓子を買ったのか何を買ったのかわからなくなるような有様です。

▶▶ サービス業

　レストランに行って洒落た雰囲気で食事をしましょう。雰囲気を醸し出す部屋の装飾のほとんどはプラスチックです。彫刻に見えるのはプラスチックの成形品にアルミニウムの金色塗色を施したものです。現在の日本で本物の装飾品に巡り合えるのは、よほどの高級品店か美術、博物館くらいのものです。

　もし、美しい女性がサービスしてくれる店に行ったら、その雰囲気は高分子製品の醸し出す最高の製品と思ってよいでしょう。「そうか、現代の高分子技術はここまで進歩したのか」と高分子化学研究者の実力に感嘆してよいでしょう。

　その通りです。店内の目の眩むような輝きや、目の置きどころに困るような女性の胸元の美しさの大半は、実は高分子の輝きと美しさなのです。勘違いをなさると後でメンドウなことになりかねませんのでくれぐれもご注意を。

商業での高分子活用例

プラスチック製の
飾り付け

プラスチック製の
包装とラベル

プラスチック製の
容器

サービス業での高分子活用例

高分子製品が醸し出す輝き

ステージ・工芸・芸術で活躍する高分子

お芝居や芸術が虚構なことは当然です。虚構を作り出すのに最適な素材は、高分子には失礼ですが「高分子」といってよいのかもしれません。安価で多彩で作り易い、これほど虚構、虚飾に相応しいものはありません。

▶▶ ステージ

だからといって高分子が悪いというわけでは決してありません。人々に束の間の夢を見せ、現実の不条理を見せつけ、将来の希望を垣間見せるためには、そのような虚構が必要なのでしょう。

大切なのは、高分子という素材がそのような表現に相応しい素材だということです。かつてこれほどステージ、演芸場、芝居小屋の大道具、小道具として相応しいものがあったでしょうか？　発泡ポリスチレンほど軽くて持ち運びに便利で、絵の具の乗りがよくて、切断が簡単な素材があったでしょうか？

合成繊維が無かったら、お芝居のかつらはどうなったことでしょうか？　伝統演芸はともかく、外国演芸の衣装などはとんでもない手間暇と費用がかかったはずです。それがいとも簡単にできるようになったのは高分子のおかげといってよいでしょう。

▶▶ 工芸

上で、「伝統演芸はともかく」といいましたが、実は伝統演芸に用いられる正統的衣装も実は高分子製なのです。ただし天然高分子ですが。陶芸は英語でチャイナといいます。発祥が中国ということです。同様に漆芸はジャポンといいます。漆芸といっても通じなくなりましたが漆塗りです。

漆はゴムと同じように樹木（ウルシの木）から滲み出す樹液を固めたもので、化学的にいえばフェノール誘導体の高分子であり、最近はやりの栄養学的にいえばポリ

フェノールの一種です。漆はポリフェノールが重合して固化したものなので、固化するためには化学反応が進行する必要があります。そのため、乾燥するのではなく、適度な湿度と温度の下で長時間保持する必要があります。

　このようにして完成した漆芸品は、頑丈であり、「金属のように錆びはせず、石材のように折れはせず、むき出しの木材のように腐敗もしない」というのですが、これは正しく現代のプラスチックに当てはまるキャッチフレーズです。

演芸での高分子活用例イメージ

工芸での高分子活用例（八橋蒔絵螺鈿硯箱）

出典：Wikipedia

1-9

医療で活躍する高分子

私たち、生物の体の多くの部分は、デンプンやタンパク質などの天然高分子でできています。そのため、生体の欠損部分、あるいは故障部分は合成高分子で補うのがピッタリのようです。

▶▶ 体外の補完

最近の眼鏡レンズはプラスチックが標準になったようです。軽い上に透明度はもちろん、屈折率もガラス並みに大きくなり、薄型のレンズも作れるようになりました。表面に塗るコーティング剤も進歩してはげることはほとんどなくなりました。コンタクトレンズは特殊なものを除けば全てがプラスチック製です。義歯も多くは高分子製となっています。義毛や義肢も特別の事情が無ければプラスチック製です。

▶▶ 体内の補完

手術で切開した後は糸で縫合します。最近の内臓手術で用いる縫合糸は、心臓や大動脈など、機械的負担がかかるところを除けば、生分解性高分子でできた特別の糸を用います。これは一定期間を過ぎると体内で分解吸収されてなくなってしまいます。そのため、抜糸のための再手術が不必要になり、患者の負担が大幅に軽減しました。

血管も高分子製のものが普及しています。これは合成繊維を編んで作ったチューブに血栓防止のためのコラーゲンなどの天然高分子（タンパク質）を付着させたもので、一種の複合材料といえるものです。

また、輸血に用いるチューブはもちろん、腎臓疾患患者の行う人工透析において血液が流れるチューブも高分子製になっています。

▶▶ 医療の将来

　骨格を除けば人体の主要部分は有機物です。そして生体を作る有機物の多くはタンパク質、糖類、DNAなどの天然高分子です。この天然高分子部分に不都合が生じた場合、それを合成高分子で補うのは一番自然なことです。プラスチックの出番はこれからも増え続けることでしょう。

　骨格の補修は現在は金属が用いられることがありますが、これも将来的には、軽くて丈夫で摩擦が少なく、しかも生体親和性の高いプラスチックやセラミックスに置き換わってゆくことでしょう。今や、サイボーグは空想や夢ではなくなっているのです。

医療での高分子活用例

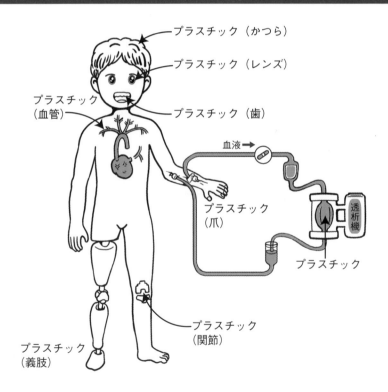

第1章 活躍する高分子

1-10

自然界で活躍する高分子

高分子が活躍するのは人間が中心になる世界だけではありません。土壌条件、気候条件、風水条件などが中心になる自然界でも活躍しています。

▶▶ 築堤

築堤とは、河川の越水による被害を防ぐため、河川に沿って土を盛り、堤を築くことです。しかし、氾濫を起こしそうな地帯は元から地盤が低く、湿地帯であることが多いです。このような地帯に築堤のための土砂を盛っても、地盤沈下を加速するだけであり、折角の盛り土の効果が現れません。

そのような場合に用いられるのが、あの梱包緩衝材の発泡スチロールです。先に見たあぜ道の場合と同様に、堤の中心、シンコに発泡スチロールを積み、それを覆うようにして土をかぶせるのです。軽くて頑丈な堤ができます。

同じ様なことは高速道路にも用いられます。頑丈で強固な高架高速道路ですが、その中身は意外と発泡スチロールのこともあるのです。

もっと驚くようなことをいえば、その高速道路を支える頑丈な橋脚ですが、あれのシンコも発泡スチロールのことがあります。

強度を考えれば太い橋脚は太い円筒でもよいわけでしょうから、空洞に何を入れてもよいことになるのでしょうが、意外といえば意外です。昔ある国で地震が起きたときに吹き抜け構造のビルが倒れ、調べたら柱の中に空の一斗缶が詰められていたという"事件（当時）"がありましたが、もしかしたらあれは事件でも何でもなかったのかもしれません。

▶▶ 地盤改良材

土地の土質には色々の問題点があることがあります。最近問題になるのは地震に伴って起こる土質の液状化です。このような現象を予防するために土質を前もって改良しておく必要があります。その場合の用いられるのが土質改良材です。この目

的に用いられたのは、以前は無機系の水ガラス類でした。

　しかし最近は有機高分子も用いられるようになりました。これは高分子の前駆体を土壌に注入し、その後硬化剤を注入するのです。すると前駆体が土壌を巻き込んで硬化し、土壌全体が硬化するというものです。最近は住宅候補地が少なくなり、条件のよくない土地にまで宅地化が進んでいます。このような、自然の改良は今後の科学の大切な役割になるのではないでしょうか？

築堤での高分子活用例

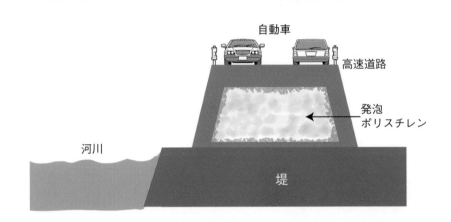

自動車

高速道路

発泡
ポリスチレン

河川

堤

地盤改良材での高分子活用例

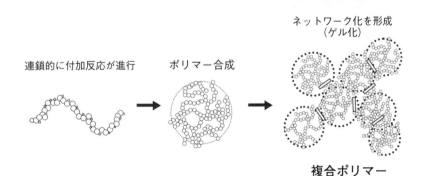

連鎖的に付加反応が進行　　ポリマー合成　　ネットワーク化を形成
（ゲル化）

複合ポリマー

MEMO

第**2**章

普通の分子と高分子

高分子とは何でしょう？　わざわざ"高"分子というからには"普通の"分子とは違うのでしょう。では、その違いは何なのでしょうか？　ここでは普通の分子と高分子の違いを例にとって、原子構造や分子構造、化学結合など、化学の基礎的な事項を眺めてみましょう。

2-1

原子って何だろう？

　私たちの目に見える宇宙は物質からできています。そして全ての物質は原子から
できています。原子は物質の最小粒子と考えることができます。

▶▶ 原子と分子

　私たちの身の周りにある物質は、金属を除けばほとんど全ては分子からできてい
ます。しかし、少数の例外を除けばほとんどの物質は何種類もの分子が混じった混
合物です。少数の例外とは、水や砂糖やプラスチックや味の素などです。

　このような純粋な物質を細かく分けていったときに、最後に辿りつく最小の粒子
で、その物質の性質を残している粒子のことを分子といいます。しかし、実は分子を
更に分割することもできます。このように分子を構成している粒子を原子といいま
す。しかし、原子はその物質の性質を残してはいません。元の物質の性質を残してい
る（分子）か、残していない（原子）か、それが分子と原子の違いです。

▶▶ 原子の大きさと構造

　地球上の自然界に存在する原子（元素）の種類は90種ほどに過ぎませんが、原子
には大きいものも小さいものもあります。原子にはその大きさに従って原子番号
（記号Z）という番号が付いています。最小はZ=1の水素原子であり、最大はZ=92
のウラン原子です。原子を原子番号の順に並べて整理した表を周期表といいます。

　1個1個の原子には重さがあり、その相対的な大きさを原子量といいます。最小
は水素原子の約1、最大はウラン原子の約238です。高分子に関係ある主な原子の
原子番号と原子量は表に示した通りです。

　原子は雲でできた球のようなものです。雲のように見えるのはZ個の電子（記号
e、あるいはe⁻）からできた電子雲であり、1個の電子は−1の電荷を持っているの
で、電子雲の電荷は−Zです。電子雲の中心には、直径が原子直径の1万分の1しか
ない原子核という小さい球が存在します。原子核は小さいくせに原子重量のほぼ全

てを占めているというモノスゴク重い（密度が大きい）粒子です。原子核の電荷は＋Zなので、原子は全体として電気的に中性となります。

　原子の特徴は他の原子と結合（化学反応）して分子を作ることですが、この反応に関与するのは電子雲だけです。

周期表

1 H																	2 He
3 Li	4 Be											5 B	6 C	7 N	8 O	9 F	10 Ne
11 Na	12 Mg											13 Al	14 Si	15 P	16 S	17 Cl	18 Ar
19 K	20 Ca	21 Sc	22 Ti	23 V	24 Cr	25 Mn	26 Fe	27 Co	28 Ni	29 Cu	30 Zn	31 Ga	32 Ge	33 As	34 Se	35 Br	36 Kr
37 Rb	38 Sr	39 Y	40 Zr	41 Nb	42 Mo	43 Tc	44 Ru	45 Rh	46 Pd	47 Ag	48 Cd	49 In	50 Sn	51 Sb	52 Te	53 I	54 Xe
55 Cs	56 Ba	ランタ ノイド	72 Hf	73 Ta	74 W	75 Re	76 Os	77 Ir	78 Pt	79 Au	80 Hg	81 Tl	82 Pb	83 Bi	84 Po	85 At	86 Rn
87 Fr	88 Ra	アクチ ノイド	104 Rf	105 Db	106 Sg	107 Bh	108 Hs	109 Mt	110 Ds	111 Rg	112 Cn	113 Nh	114 Fl	115 Mc	116 Lv	117 Ts	118 Og

ランタ ノイド	57 La	58 Ce	59 Pr	60 Nd	61 Pm	62 Sm	63 Eu	64 Gd	65 Tb	66 Dy	67 Ho	68 Er	69 Tm	70 Yb	71 Lu
アクチ ノイド	89 Ac	90 Th	91 Pa	92 U	93 Np	94 Pu	95 Am	96 Cm	97 Bk	98 Cf	99 Es	100 Fm	101 Md	102 No	103 Lr

原子番号と原子量

元素記号	H	C	N	O	S	Cl
原子番号（Z）	1	6	7	8	16	17
原子量	1	12	14	16	32	35.5

原子の構造

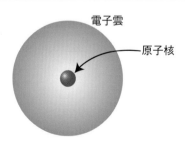

電子雲

原子核

2-2

分子って何だろう？

　高分子とは分子量の大きな分子、つまり大きな分子のことです。それでは分子とは何でしょうか？

▶▶ 分子の種類

　複数個の原子が結合してできた構造体を分子といいます。中でも、複数種類の原子が結合したものを化合物ということがあります。またH_2、O_2あるいはオゾンO_3などのように同じ原子だけでできた分子を単体といいます。つまり化合物、単体は分子の一種なのです。

　酸素分子とオゾン分子は何れも酸素原子からできた単体です。このように、同じ原子からできた単体同士を互いに同素体といいます。ダイヤモンドも鉛筆の芯になる黒鉛（グラファイト）も炭素からできた単体です。1985年以降に次々と発見されたフラーレンやカーボンナノチューブのように対称性が高くて美しい分子も炭素だけからできた分子です。従ってこれら全ての分子も同素体ということになります。炭素やイオウ、リンは同素体の多い原子です。

▶▶ 有機分子と無機分子

　昔は、糖類やタンパク質のように生物を作る分子は、生物しか作ることができないと考えて、そのような分子を有機分子といいました。しかし、化学が発展するとそのような分子も人為的に化学反応で作ることができることがわかりました。

　そのため、現在では有機物は炭素を含む化合物のうち、一酸化炭素CO、二酸化炭素CO_2、シアン化水素HCNのように簡単な構造の分子を除いたもの、とされています。従って炭素の同素体は炭素だけの分子なので、一般には有機化合物ではなく、無機化合物とされます。

　有機化合物を構成する原子の種類は非常に少なく、炭素C、水素Hが中心でその他に少量の酸素O、窒素N、イオウS、リンPが加わる程度です。有機化合物は、有

機分子、あるいは有機物と呼ばれることもあります。有機化合物のうち、金属原子を含むものは特に有機金属化合物と呼ばれます。

　有機化合物以外の全ての分子を無機化合物といいます。ですから無機化合物には、炭素や水素も含めて、周期表に載っている118種類の原子の全てが参加する可能性があります。

分子の種類

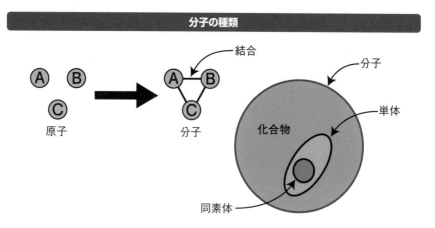

結合

原子　　　　分子

分子

化合物

単体

同素体

炭素の同位体

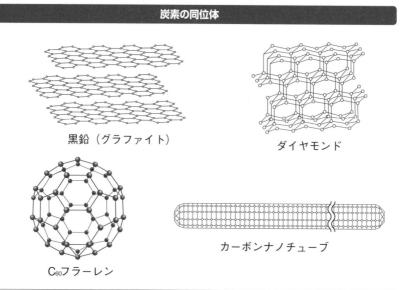

黒鉛（グラファイト）

ダイヤモンド

C_{60} フラーレン

カーボンナノチューブ

2-3

イオンって何だろう？

　原子や分子は電子を放出したり、受け入れたりすることができます。このようにしてできた荷電粒子を一般にイオンといいます。

▶▶ 原子のイオン

　原子Aが1個の電子を放出したら、原子の電荷は原子核の電荷が電子雲の電荷より1だけ大きくなるので、+1に荷電することになります。このような粒子を陽イオンといい、A^+と書きます。2個の電子を放出したら2価の陽イオンA^{2+}となります。反対にAが1個の電子を受け入れたら1価の陰イオンA^-となります。

　原子には電子を放出して陽イオンになり易いものと、電子を受け入れて陰イオンになり易いものがあります。原子が電子を受け入れる際の、受け入れ易さの度合いを電気陰性度で表します。電気陰性度が大きい原子ほど電子を受け入れてマイナスに荷電し易いことを表します。図に示したように周期表の右上の原子ほどマイナスなり易く、左下の原子ほどプラスになり易いことがわかります。有機化合物に関係した原子で見ればH＜C＜N＜Oの順になっています。

▶▶ 分子のイオン、ラジカル

　後の共有結合の項で見るように、2個の原子A、Bからできた分子ABを結合するのはこの原子の間にある2個の電子であり、これを結合電子といいます。

　分子ABの結合を切断するとしましょう。問題は2個の結合電子をどうするかです。方法は二通りあります。

　① AとBで1個ずつ分ける

　② どちらかの原子が2個とも取ってしまう

　①の場合にはA・とB・ができます。ここで（・）は電子を表します。A・、B・はそれぞれ原子A、原子Bなのですが、特にラジカルということがあります。そして電子（・）をラジカル電子といいます。そしてこのような結合切断をラジカル切断とい

います。

　②の場合には2個の電子を受け取ったAは原子A（ラジカルA）より電子が1個増えています。そのため1価の陰イオンA⁻となっています。反対にBは原子状態より電子が1個減っていますので1価の陽イオンB⁺となります。このような結合切断をイオン切断といいます。

原子のイオン

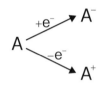

電気陰性度の周期性

H							He
2.1							
Li	Be	B	C	N	O	F	Ne
1.0	1.5	2.0	2.5	3.0	3.5	4.0	
Na	Mg	Al	S	P	S	Cl	Ar
0.9	1.2	1.5	1.2	2.1	2.5	3.0	
K	Ca	Ga	Ge	As	Se	Br	Kr
0.8	1.0	1.3	1.8	2.0	2.4	2.8	

分子のイオンとラジカル

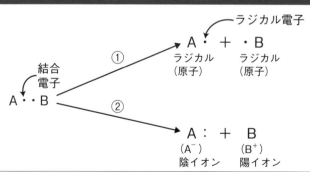

2-4

イオン結合、金属結合って何だろう？

　原子と原子を結び付けて分子にする力を化学結合、あるいは単に結合といいます。結合にはいくつかの種類がありますが、よく知られているのはイオン結合、金属結合、共有結合です。

▶▶ イオン結合

　同じ種類の電荷を持った2個の粒子の間には反発が起きます。この力を静電反発力といいます。反対に互いに異なった電荷を持つ粒子の間には引力が働きます。この力を静電引力といいます。

　原子や分子で考えれば、互いに反対の電荷を持つイオン、つまり陽イオンと陰イオンの間には引力が働くことになり、両方のイオンは互いに結合します。このような結合を一般にイオン結合といいます。ナトリウムイオンNa^+と塩化物イオンCl^-がイオン結合して塩化ナトリウム（食塩）$NaCl$となることはよく知られています。

▶▶ 金属結合

　金属原子Mは何個かの（n個としましょう）電子を放出してn価の陽イオンM^{n+}になる性質があります。このとき、放出された電子を自由電子、M^{n+}を金属イオンといいます。

　金属の固体（金属結晶）中では金属イオンは三次元に渡って規則正しく積み重なり、その周囲に自由電子が水のように漂います。するとプラスに荷電したM^{n+}とマイナスに荷電した自由電子e^-の間に静電引力が働きます。これが連続するとM^{n+}-e^--M^{n+}というように、M^{n+}が電子を糊のようにして結合することになります。このような結合を金属結合といいます。

　金属において自由電子は重要な働きをしますが、その1つが電気伝導性です。電流というのは電子の流れです。電子がA地点からB地点に移動したとき、BからA

に電流が流れたというのです。そして電子が移動し易いものを良導体、移動しにくいものを絶縁体、その中間を半導体といいます。

　金属中を自由電子が移動するとき、M^{n+}が振動したら電子はそれに邪魔されてよく動けません。M^{n+}の振動は温度に比例します。ですから、金属は温度が低い方が電気伝導度が高い、つまり電気抵抗が低いことになります。そして絶対0度に近い極低温になると突如電気抵抗は0になり、伝導度が無限大になります。この状態を超伝導状態といい、超強力な電気磁石（超伝導磁石）などに使われます。

イオン結合

$$Na^+ + Cl^- \longrightarrow Na-Cl$$

ナトリウム　塩化イオン　　　塩化ナトリウム
イオン

金属結合

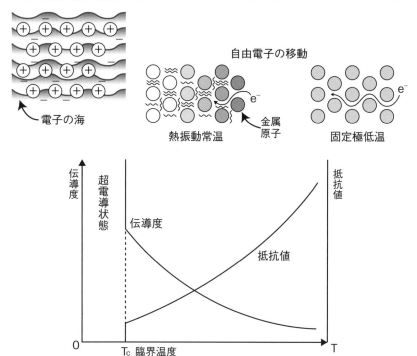

電子の海

自由電子の移動

熱振動常温　　金属原子

固定極低温

伝導度

超電導状態

伝導度

抵抗値

抵抗値

0　　T_c 臨界温度　　T

共有結合って何だろう？

高分子は有機化合物の一種です。有機化合物を作る結合はそのほとんどが共有結合です。

▶▶ 化学結合

原子は互いに結合して分子を作ります。有機物では専ら共有結合によって結合します。共有結合というのは、結合する2個の原子が互いに1個ずつの結合用電子を出し合い、合計2個の電子を共有することによってできる結合です。この2個の電子を特に結合電子といいます。

共有結合は2個の原子の握手による結合に例えるとわかり易いでしょう。この際の"手"に相当するのが、原子の持つ結合用の電子であり、これを"結合手"と呼ぶことにしましょう。すなわち、「1個の結合用電子が1本の結合手」ということになります。

▶▶ 結合の本数

水素のように、結合用の電子を1個しか持っていなければ握手は1本しかできません。しかし、酸素のように2個持っていれば2本の握手、すなわち2本の結合を作ることができます。いくつかの原子について結合の本数を表にまとめました。

炭素は4個の結合用電子を持っているので4本の結合を作ることができます。問題はこの4本の結合手の向く方向です。4本の手は正方形の四隅の方向を向くのではありません。正四面体の頂点方向を向くように配置されます。その形は海岸に置かれた波消しブロックのテトラポッドと同じです。

共有結合には一重結合、二重結合、三重結合があります。それぞれ1本、2本、3本の握手による結合です。炭素の場合には

　① 4本の一重結合

　② 1本の二重結合＋2本の一重結合

③ 1本の三重結合＋1本の一重結合

④ 2本の二重結合

という四種類の組み合わせの結合を作ることができます。

①～③の場合の結合の様子を模式図に示しました。二重結合では6個の原子全てが同一平面上に並び、分子が平面形になり、三重結合では4個の原子が一直線状に並びます。

結合の本数

原子	H	C	N	O	F	Cl
本数	1	4	3	2	1	1

共有結合の種類

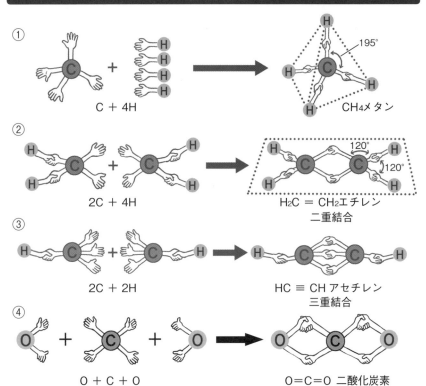

① C ＋ 4H → 195° CH_4 メタン

② 2C ＋ 4H → 120° 120° $H_2C = CH_2$ エチレン 二重結合

③ 2C ＋ 2H → $HC \equiv CH$ アセチレン 三重結合

④ O ＋ C ＋ O → O＝C＝O 二酸化炭素

2-6

分子間力って何だろう？

　化学結合は原子と原子を結合する力です。同じような力に分子と分子を繋ぎ止める力があります。これは化学結合に比べて弱い力なので結合ではなく「分子間力」といわれます。

▶▶ 水素結合

　先に電気陰性度の項で見たように、原子には電子を引き寄せてマイナスの電荷を帯びるものと、反対に電子を遠ざけてプラスの電荷を帯びるものがあります。酸素Oは前者でマイナスになり易く、水素Hは後者でプラスになり易い原子です。従って、水H-O-Hは図に示したようなイオン性（極性）の構造となります。このような現象を分極といいます。

　この結果、ある水分子の酸素と他の水分子の水素の間には静電引力が生じることになります。このような引力を一般に水素結合といいます。水素結合はO-H間だけでなくN-H、S-H間などにも働きます。

　水素結合はDNAの立体構造において2本のDNA分子を引き付けて二重らせん構造を作る力として有名です。この他にもタンパク質や酵素など、生体において重要な働きをします。

▶▶ ファンデルワールス力

　水素結合は分極したイオン性の分子の間に働きますが、電気的に中性な分子の間に働く引力もあります。それがファンデルワールス力です。プラスチックで有力な引力はファンデルワールス力になります。

　ファンデルワールス力は色々な要素が絡み合った複雑な力ですが、代表的なものは分散力といわれるものです。

　これは電子雲の浮遊性から生じるものです。簡単にするため、原子で見てみましょう。電子雲が原子核の周りに均等な厚さで存在しているときには原子はどの部

分でも電気的に中性です。

　しかし電子雲は"雲"といわれるように流動的で常に揺らいでいます。瞬間的には電子雲の中心と原子核の位置がずれてしまうこともあります。すると、原子にはプラスの部分とマイナスの部分が現れます。この電荷に影響されて、隣の原子の電子雲が変形し、この原子にも電荷が現れます。そしてその結果、この２個の原子間に引力が生じるのです。これが分散力です。分散力は泡のように現れては消える力ですが、集団全体としては強力な引力になります。

　ところが、ファンデルワールス力の強さは分子間距離の６乗に反比例します。ですから、分子が密に集まっていれば強く働きますが、分子が離れれば急速に効力がなくなります。

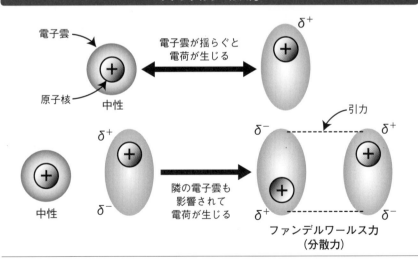

2-7

分子式と構造式

　原子が何種類も、何個も集まって結合してできた構造体、それが分子です。従って分子にも小さいものから大きいものまで、単純なものから複雑なものまで多くの種類があります。

▶▶ 分子の構造と大きさ

　水の分子は1個の酸素原子Oと2個の水素原子Hからできています。これをH_2Oという記号（式）で表して、このような式を分子式といいます。

　しかし、水の分子式を見ても、3個の原子がH-O-Hの順で並んでいるのか、それともH-H-Oと並んでいるのかはわかりません。そこで実際の並び順を書いたH-O-Hを構造式といいます。いくつかの分子の構造式を図に示しました。

　分子の構造式は複雑です。元素記号を書くとゴチャゴチャしてわかり難くなります。そこで簡略法を用います。表のカラム1は最も丁寧な書き方です。カラム2は炭素と水素を部分ごとにまとめて書いたものです。これでも複雑な分子の場合は書くのが大変です。そこで考え出されたのがカラム3です。ここでは次の3つの約束に従っています。

　　① 直線の両端と屈曲部には炭素が存在する
　　② 炭素には必要にして十分な個数の水素が結合している
　　③ 二重結合、三重結合はそれぞれ二重線、三重線で表す

▶▶ 分子量

　分子には非常に簡単なものから非常に複雑なものまで色々あります。最も小さいのは最小の原子である水素原子2個からできた水素分子H_2です。形は回転楕円体、ラグビーボールのようなものと思ってよいでしょう。大きくて複雑な分子は色々ありますが、遺伝を司るDNAは最も複雑なものの一種でしょう。DNAは天然高分子で非常に長い分子であり、人間の場合は1本が10cmほどの長さになります。ポリ

エチレンなどの合成高分子も長い分子の一種です。

　原子に重さがあったのですから、当然分子にも重さがあります。分子の重さを相対的に表す量が分子量です。分子量はその分子を構成する全原子の原子量の総和となります。水H_2Oの場合には分子量は1x2+16=18となります。

分子の構造式の例

名前	分子式	構造式

水素　　H_2　　　H-H

水　　　H_2O　　H-O-H

メタン　OH_2　　H-O-H

味の素

$C_5H_8NNaO_4$

HOOC-CH₂-CH₂-CH-COOH （NH₂）

分子量

分子式	構造式		
	カラム1	カラム2	カラム3
C_4H_{10}	H H H H H-C-C-C-C-H H H H H H H H H-C-C-C-H H H H H-C-H H	CH₃-CH₂-CH₂-CH₃ CH₃-(CH₂)₂-CH₃ CH₃-CH-CH₃ CH₃	
C_2H_4	H C=C H H H	H₂C＝CH₂	
C_3H_6	H C H-C-C-H H H H C=C H H CH₃	CH₂ CH₂—CH₂ H₂C＝CH-CH₃	
C_6H_6	H C H-C C-H H-C C-H C H	CH＝CH-CH CH＝CH-CH	

2-8

置換基の種類と構造

　有機化合物の種類は数えきれないくらい、つまり天文学的に多いです。そして当然、各々の性質、反応性は異なりますが、似ているグループもあります。

▶▶ 置換基

　有機分子の性質を支配するのは分子構造のうちの特定の部分（原子団）です。これを置換基といいます。置換基は人間に例えれば"顔"のようなもので、分子の隅から隅まで検証しなくても、どのような置換基を持っているかがわかれば、その分子のおおよその性質と反応性がわかります。

▶▶ 置換基の種類と性質

　代表的な置換基の名前と構造を表に示しました。置換基はアルキル基と官能基の2つに分けることができます。アルキル基は炭素Cと水素Hが一重結合のみで結合してできた置換基です。非常に基礎的な置換基ですが、本書で出て来るのはメチル基とエチル基くらいです。

　官能基は分子の性質、反応性を決定する重要な置換基です。官能基には炭水素と二重結合からできたものもありますが、多くは酸素Oや窒素Nなどの、一般に"ヘテロ原子"と呼ばれる原子を含んでいます。特に大事な置換基は

フェニル基C_6H_5：これを持つ化合物は芳香族、あるいは芳香族化合物と呼ばれることがあります。しかし名前（芳香）と実体は関係ありません。

ヒドロキシ基OH：これを持つ化合物は一般にアルコール類と呼ばれます。

カルボニル基C=O：これを持つ化合物はケトンあるいはカルボニル化合物といいます。反応性が大きいです。

カルボキシル基COOH：これを持つ化合物は酸性であり、一般にカルボン酸、あるいは有機酸と呼ばれます。

アミノ基NH_2：これを持つ化合物は塩基性（アルカリ性）です。

アルキル基と官能基

	置換基	名称	一般式	一般名	例	
アルキル基	$-CH_3$	メチル基			CH_3-OH	メタノール
	$-CH_2CH_3$	エチル基			CH_3-CH_2-OH	エタノール
	$-CH \begin{smallmatrix} CH_3 \\ CH_3 \end{smallmatrix}$	イソプロピル基			$\begin{smallmatrix} CH_3 \\ CH_3 \end{smallmatrix} CH-OH$	イソプロパノール
官能基	⬡※	フェニル基	R-⬡	芳香族	CH_3-⬡	トルエン
	$-CH=CH_2$	ビニル基	$R-CH=CH_2$	ビニル化合物	$CH_3-CH=CH_2$	プロピレン
	$-OH$	ヒドロキシ基	$R-OH$	アルコール	CH_3-OH	メタノール
				フェノール	⬡$-OH$	フェノール
	$\gtrdot C=O$	カルボニル基	$\begin{smallmatrix} R \\ R \end{smallmatrix} C=O$	ケトン	$\begin{smallmatrix} CH_3 \\ CH_3 \end{smallmatrix} C=O$	アセトン
					⬡$C=O$	ベンゾフェノン
	$-C \begin{smallmatrix} =O \\ H \end{smallmatrix}$	ホルミル基	$R-C \begin{smallmatrix} =O \\ H \end{smallmatrix}$	アルデヒド	$CH_3-C \begin{smallmatrix} =O \\ H \end{smallmatrix}$	アセトアルデヒド
					⬡$-C \begin{smallmatrix} =O \\ H \end{smallmatrix}$	ベンズアルデヒド
	$-C \begin{smallmatrix} =O \\ OH \end{smallmatrix}$	カルボキシル基	$R-C \begin{smallmatrix} =O \\ OH \end{smallmatrix}$	カルボン酸	$CH_3-C \begin{smallmatrix} =O \\ OH \end{smallmatrix}$	酢酸
					⬡$-C \begin{smallmatrix} =O \\ OH \end{smallmatrix}$	安息香酸
	$-NH_2$	アミノ基	$R-NH_2$	アミン	CH_3-NH_2	メチルアミン
					⬡$-NH_2$	アニリン
	$-NO_2$	ニトロ基	$R-NO_2$	ニトロ化合物	CH_3-NO_2	ニトロメタン
					⬡$-NO_2$	ニトロベンゼン
	$-CN$	ニトリル基（シアノ基）	$R-CN$	ニトリル化合物	CH_3-CN	アセトニトリル
					⬡$-CN$	ベンゾニトリル

※フェニル基は$-C_6H_5$で表されることも多い。この場合、トルエン（メチルベンゼン）は$CH_3-C_6H_5$となる

2-9

低分子・高分子・超分子

分子量の小さい分子を低分子、大きい分子を高分子といいます。高分子は多くの
単位分子が結合してできた巨大分子です。同じ様なものに超分子があります。両者
はどのように違うのでしょう。

▶▶ 高分子

高分子の研究が始まった1900年代初頭、高分子の構造に関して学会で大論争が
起こりました。大論争といっても、両陣営はドイツの1人の化学者（スタウディン

ヘルマン・スタウディンガー

ガー）vs（その他全ての世界中の化学者）、というトンデモナイ多勢に無勢というものでした。

当時多くの化学者は、高分子は「たくさんの単位分子が単に集合した」ものに過ぎない、と考えていました。それに対してスタウディンガーは「単位分子は共有結合によって強固に結合している」と主張したのです。

スタウディンガーは精力的に実験、研究し、自分の主張を裏付ける証拠を次々と発見し、学会に報告し続けました。その結果、ついにスタウディンガーの主張が正しいと認められました。彼はこの功績によって1953年にノーベル賞を受賞しました。そして今日でも「高分子の父」として尊敬されています。

▶▶ 超分子

それでは、スタウディンガー以外の化学者の主張は全くの間違いだったのでしょうか？　実はそうでもないのです。彼らの主張のように、「たくさんの単位分子が単に集合した」もの、つまり「巨大分子のような集合体」もあるのです。

このような分子集団を現在では一般に「超分子」と呼びます。超分子は身の周りにたくさんあります。わかり易いのはシャボン玉です。これはセッケン分子がたくさん集まって膜になり、袋を形成したもので、中に空気が入っています。同じような膜に細胞膜があります。これもリン脂質という単位分子が集まって作った膜です。また、液晶テレビでお馴染みの液晶も超分子の一種です。

DNAは二重らせん構造で知られていますが、これも2本のDNA分子が分子間力

高分子と超分子の違い

（水素結合）で互いに引き合って作った超分子です。1本ずつのDNA分子は両方とも高分子ですから、DNAの二重らせん構造は高分子の作った超分子ということができるでしょう。スタゥディンガーの頃の研究者が聞いたらどんな顔をすることでしょう？

超分子の例

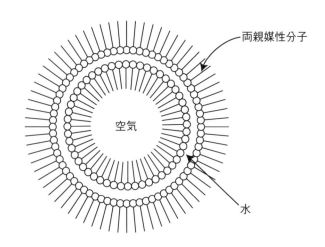

両親媒性分子

空気

水

DNAの二重らせん

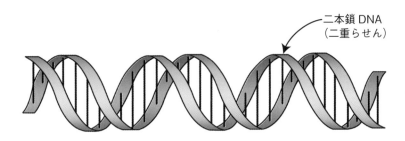

二本鎖DNA
（二重らせん）

高分子の分子構造

メタンはテトラポッド形で、ベンゼンは正六角形です。そ
れでは高分子の分子はどんな形をしているのでしょうか？
高分子は2つの種類に大別することができますが、その熱可
塑性高分子と熱硬化性高分子とはどのようなもので、どのよ
うな形、性質をしているのでしょうか？

3-1

1種類の単位分子が作る
熱可塑性高分子

高分子には加熱すると軟らかくなる熱可塑性高分子と加熱しても軟らかくならない熱硬化性高分子があります。両者の構造は全く違いますが、熱可塑性高分子は、たくさんの単位分子が直線状（一次元）に結合した構造です。

▶▶ ポリエチレンの構造

高分子の典型はポリエチレンです。ポリエチレンはまた熱可塑性高分子の典型でもあります。「ポリエチレン」という名前は高分子の構造を端的に表しています。ポリエチレンの"ポリ"はギリシア語の数詞で"たくさん"という意味です。つまり、ポリエチレンは"エチレン"というただ1種類の単位分子がたくさん結合したものなのです。

先に見たように、エチレンのC=C二重結合は2本の握手（共有結合）でできています。このうち1本をほどくと、各炭素上に結合していない手（結合手）が1本ずつ余ります。この結合手は他の結合手と握手（結合）することができます。そこで隣にいる、同じように握手をほどいたエチレンの結合手と結合させます。すると2個のエチレン分子が繋がります。

このようなことを繰り返すと、エチレンを単位分子とする炭素鎖はいくらでも伸びてゆくことができます。このような反応を一般に「重合反応」といいます。

▶▶ ポリエチレンと炭化水素

ポリエチレンは固体の高分子です、一方、メタンCH_4は都市ガスの主成分で気体です。どちらも分子を作っている原子は炭素Cと水素Hだけです。このような分子を一般に炭化水素といいます。

炭化水素には数えきれないくらい多くの種類がありますが、その基本的な違いは繋っている炭素の個数の違いです。炭素が1個ならメタン、2個ならエタン、3個ならプロパン、4個ならブタン、5個ならペンタンとなり、炭素数5個程度までなら気

体ですが、それ以上になると液体になります。

　何種類かの炭化水素の混合物もあります。それが石油です。石油は炭素数が少な
くて沸点の低いものから順にガソリン、灯油、軽油、重油と呼ばれ、これは液体です
が、炭素数が20個程度になると固体のパラフィンとなり、何千個となったものがポ
リエチレンなのです。つまり、天然ガス、石油、ポリエチレンはよく似た兄弟のよう
なものなのです。

ポリエチレンの構造

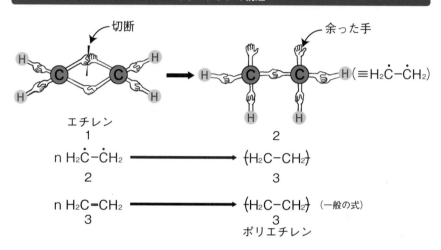

エチレン
1

$$n\ H_2\dot{C}\text{-}\dot{C}H_2 \longrightarrow (H_2C\text{-}CH_2)$$
2　　　　　　　　　　　　　　3

$$n\ H_2C\text{=}CH_2 \longrightarrow (H_2C\text{-}CH_2)\ \text{(一般の式)}$$
3　　　　　　　　　　　　　　3
ポリエチレン

炭化水素の種類と違い

名前	沸点	炭素数	用途
石油エーテル	30〜70	〜6	溶剤
ベンジン	30〜150	5〜7	溶剤
ガソリン	30〜250	5〜10	自動車、航空機燃料
灯油	170〜250	9〜15	自動車、航空機燃料
軽油	180〜350	10〜25	ディーゼル燃料
重油	－	－	ボイラー燃料
パラフィン	－	>20	潤滑剤
ポリエチレン	－	〜数千	プラスチック

ポリエチレンの仲間たち

　エチレンの4個の水素のうち何個かが置換基に置き換わったものをエチレン誘導体といい、それが重合してできた高分子をポリエチレン誘導体といいます。プラスチック類の中で最も種類の多い大家族です。ポリエチレン誘導体の多くは、性質はありきたりですが大量生産され安価なので汎用高分子として広く使われています。

▶▶ 置換基が1個のもの

　ポリエチレン誘導体には多くの種類がありますが、よく知られたものを表にまとめました。まず、置換基が1個だけのものを見てみましょう。

ポリ塩化ビニル："塩ビ"の一般名で愛用され、フィルム、シート、パイプ、チューブと広い範囲で使われています。400℃以下の低温で燃えると公害物質のダイオキシンを発生するといわれます。

ポリスチレン：発泡剤によって発泡させたものが"発泡ポリスチレン"などの名前で、緩衝材や断熱材の他、スーパーの刺身のトレーなどにも使われています。

ポリプロピレン：文房具や家電製品の外装材として広く使われます。

ポリアクリロニトリル：繊維にすると細く軟らかいので毛布、セーター、人形の毛などに用いられます。

ポリ酢酸ビニル：これを水に懸濁したものが木工ボンドです。

ポリビニルアルコール：水に合うと溶けて接着性が出るので、切手の糊などに用いられます。

▶▶ 置換基が複数個のもの

ポリ塩化ビニリデン：気体や匂い分子を遮断するので、家庭用のラップとして用いられます。

ポリメタメチルアクリレート：アクリル樹脂とも呼ばれ、透明性が高いので水族館の水槽やコンタクトレンズなどに用いられます。

テフロン：エチレンの４個の水素を全部フッ素Ｆで置き換えたものを単位分子としています。耐薬品性が非常に強く、100〜200℃の温度にも耐え、しかも摩擦が非常に小さく、撥水性も高いので、フライパンのコーティング、傘やレインコートの撥水剤に広く用いられています。

エチレン誘導体の例

$$n \ H_2C=CH \quad \xrightarrow{\text{重合反応}} \quad (H_2C-CH)_n$$
$$\qquad \quad \ \underset{Cl}{|} \qquad\qquad\qquad\qquad\quad \underset{Cl}{|}$$

塩化ビニル　　　　　　　　　　ポリ塩化ビニル

ポリエチレン誘導体の種類			

	名前	略号	単位分子
置換基1個	ポリエチレン	PE	$H_2C=CH_2$
	ポリ塩化ビニル	PVC	$H_2C=CH$ $\ \ \underset{Cl}{\mid}$
	ポリスチレン	PS	$H_2C=CH$ $\ \ \underset{\text{（ベンゼン環）}}{\mid}$
	ポリプロピレン	PP	$H_2C=CH$ $\ \ \underset{CH_3}{\mid}$
	ポリアクリロニトリル	PAN	$H_2C=CH$ $\ \ \underset{CN}{\mid}$
	ポリ酢酸ビニル	PVAc	$H_2C=CH$ $\ \ \underset{O-COCH_3}{\mid}$
	ポリビニルアルコール	PVAL	$\left(H_2C=CH \atop \ \ \underset{OH}{\mid}\right)^{※}$ ※単体としては存在しない
置換基2個以上	ポリ塩化ビニリデン	PVDC	$H_2C=C\overset{Cl}{\underset{Cl}{<}}$
	ポリメチルメタクリレート	PMMA	$H_2C=C\overset{CH_3}{\underset{\underset{O}{\overset{\mid}{C}}-OCH_3}{<}}$
	テフロン®（ポリテトラフルオロエチレン）	PTFE	$F_2C=CF_2$

3-3

複数種類の単位分子が作る
熱可塑性高分子

一般にプラスチックは熱可塑性高分子です。熱可塑性高分子の中には二種類の単位分子が交互に結合した高分子もあります。ナイロンやPETもその一種です

▶▶ ナイロン6,6

1935年アメリカの若い化学者カロザースによって発明され、1938年に発表されたナイロンは、人類が作った最初の合成繊維として画期的なものでした。それは「クモの糸より細く鋼鉄より強い」の名キャッチコピーと共に全世界に知れ渡りました。

ナイロンはアジピン酸とヘキサメチレンジアミンという二種類の単位分子が交互に結合してできた高分子です。アジピン酸はカルボン酸で、カルボキシル基－COOHを2個持っています。一方、ヘキサメチレンジアミンはアミンでアミノ基－NH_2を2個持っています。この二種類の置換基は互いの間から水H_2Oを除く形で結合します。このような反応をアミド化といい、このように2個の分子から水が取れて結合する反応を一般に脱水縮合反応といいます。アミド化でできた化合物を一般にアミドといいます。そのため、ナイロンは一般にポリアミドの一種といわれます。

ナイロンを構成する2種の単位分子は何れも6個ずつの炭素を持っているのでナイロン6,6と呼ばれることがあります。それに対して、一分子内にカルボキシル基とアミノ基の両方を持った分子からできた高分子をナイロン6といいます。ナイロン6は日本人の発明です。

一般にナイロン6,6は絹の肌触り、ナイロン6は木綿の肌触りといわれます。

▶▶ ペット

ペット（ポリエチレンテレフタレート、Poly Ethylene Terephthalate：PET）はテレフタル酸というカルボン酸と、エチレングリコールというアルコールから脱

水縮合反応によってできた高分子です。

　カルボン酸とアルコールが脱水縮合した化合物は一般にエステルといわれます。そのためペットはポリエステルの一種といわれます。

　ペットは一般にペットボトルの原料として知られていますが、合成繊維に加工することもでき、一般にポリエステル繊維として知られています。これについては後の章で詳しくご説明します。

ナイロン6,6とナイロン6

$$R-\overset{\displaystyle O}{\overset{\|}{C}}-O\text{-}H \quad H\text{-}\overset{\displaystyle H}{\overset{|}{N}}-R' \quad \xrightarrow[\substack{\text{アミド化}\\\text{脱水縮合}}]{-H_2O} \quad R-\overset{\displaystyle O}{\overset{\|}{C}}-\overset{\displaystyle H}{\overset{|}{N}}-R'$$

カルボン酸　　アミン　　　　　　　　　　　　アミド

$$nHO-\overset{\displaystyle O}{\overset{\|}{C}}-(CH_2)_4-\overset{\displaystyle O}{\overset{\|}{C}}-OH + nH-\overset{\displaystyle H}{\overset{|}{N}}-(CH_2)_6-\overset{\displaystyle H}{\overset{|}{N}}-H$$

アジピン酸　　　　　　　ヘキサメチレンジアミン

$$\longrightarrow \left(\overset{\displaystyle O}{\overset{\|}{C}}-(CH_2)_4-\overset{\displaystyle O}{\overset{\|}{C}}-\overset{\displaystyle H}{\overset{|}{N}}-(CH_2)_6-\overset{\displaystyle H}{\overset{|}{N}} \right)_n$$

ナイロン 6,6

$$nHO-\overset{\displaystyle O}{\overset{\|}{C}}-(CH_2)_5-\overset{\displaystyle O}{\overset{\|}{N}}-H \longrightarrow \left(\overset{\displaystyle O}{\overset{\|}{C}}-(CH_2)_5-\overset{\displaystyle H}{\overset{|}{N}} \right)_n$$

ナイロン 6

ペット

$$R-\overset{\displaystyle O}{\overset{\|}{C}}-O\text{-}H \quad H\text{-}O-R' \quad \xrightarrow[\substack{\text{エステル化}\\\text{脱水縮合}}]{-H_2O} \quad R-\overset{\displaystyle O}{\overset{\|}{C}}-O-R'$$

カルボン酸　　アルコール　　　　　　　　　エステル

$$nHO-\overset{\displaystyle O}{\overset{\|}{C}}-\langle\bigcirc\rangle-\overset{\displaystyle O}{\overset{\|}{C}}-OH \quad HO-CH_2CH_2-OH$$

テレフタル酸　　　　　エチレングリコール

$$\longrightarrow \left(\overset{\displaystyle O}{\overset{\|}{C}}-\langle\bigcirc\rangle-\overset{\displaystyle O}{\overset{\|}{C}}-O-CH_2CH_2-O \right)_n$$

ペット

第3章　高分子の分子構造

3-4

熱可塑性高分子の立体構造

ポリエチレン誘導体はひもや毛糸のような1本の長い分子であるとして見てきました。しかし詳しく見ると、それぞれに立体的に異なる構造を持っており、その構造によって異なる性質を持っていることがわかります。

▶▶ 炭素の結合角度

原子が持っている結合手の数によれば炭素は4本の結合手を持っていますが、その4本の結合手は座布団の様な正方形の頂点方向に出ているのではありません。炭素原子核を中心(体心)として立体形の正四面体の頂点方向を向き、互いの角度は109.5度となっています。この角度はメタンの様な小さい分子であろうと、高分子であろうと同じです。つまり、ポリチレンの結合角度も109.5度なのです。

この問題がよくわかるのはエチレンに1個のメチル基−CH_3が置換したプロピレンが高分子化したポリプロピレンにおいてです。ポリプロピレンでは炭素鎖の炭素に1個置きにメチル基が付いています。

▶▶ 高分子の立体異性体

ポリプロピレンのメチル基の方向には3種類が生じます。炭素の結合角度が立体形であるせいで、それぞれの方向を平面図で模式的に表しました。

イソタクチック：全てのメチル基が同じ方向を向いています。

シンジオタクチック：メチル基が1つ置きに互いに反対方向を向いています。

これら二種の配置は規則的な配置です。

アタクチック：メチル基は無秩序に上を向いたり下を向いたりしています。

イソタクチックとシンジオタクチックは規則的な配置です。それに対してアタクチックでは規則性はありません。それぞれの構造を3D図で示しました。遠方を見る目つき(平行法)で見てください。それぞれが立体的に見えてきます。

このような立体構造は高分子の性質に影響を与えます。すなわち規則的なイソタ

クチックでは全ての高分子鎖がメチル基を避け合って近付くことができます。このため分子間に分子間力が働き、結晶性となり、強度が強くなります。しかし光は結晶の境界面に反射するので不透明になります。カキコオリの原理です。

それに対してアタクチックではメチル基同士がぶつかるので結晶性になることができません。このため、アタクチックは透明性が高くなります。触媒を使ってこの三種を作り分けることができます。

ポリプロピレンの結合角度

$$CH_3 \atop nCH-CH_2$$

イソタクチック
$$\begin{array}{ccccc} CH_3 & CH_3 & CH_3 & CH_3 & CH_3 \\ -CH-CH_2- & CH-CH_2- & CH-CH_2- & CH-CH_2- & CH-CH_2- \end{array}$$

シンジオタクチック
$$-CH-CH_2-CH-CH_2-CH-CH_2-CH-CH_2-CH-CH_2-$$

アタクチック
$$-CH-CH_2-CH-CH_2-CH-CH_2-CH-CH_2-CH-CH_2-$$

高分子の立体異性体の例

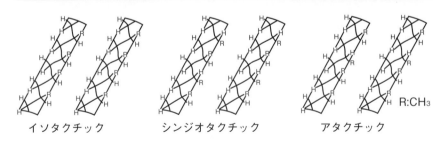

イソタクチック　　　シンジオタクチック　　　アタクチック

R:CH$_3$

熱可塑性高分子の集合体

　熱可塑性高分子の1本1本の分子は、毛糸の様な長い分子構造を持っています。しかし高分子が素材としてプラスチックになったときには多くの長い分子が複雑に寄り集まった集合体となっています。

▶▶ 物質の三態

　水は低温では結晶（氷）、室温では液体、高温では気体（水蒸気）となっています。このような結晶、液体、気体を物質の状態といいます。結晶では分子は三次元に渡って整然と積み重なった非常に規則的な状態になっています。しかし液体ではこのような規則性はなくなり、分子は熱エネルギーを得て勝手に動き回るので流動性が出てきます。そして気体では分子はジェット機並みの速度で飛び回っています。

　結晶、液体、気体は物質の基本的な状態なので特に「物質の三態」といわれます。しかし物質の状態は三態だけではありません。ガラスは固体ですが結晶ではありません。ガラスでは分子の配列は液体と同じで一切の規則性を失っています。つまりガラスは液体のまま固まった状態なのです。このような状態を非晶質固体、アモルファスといいます。

▶▶ 結晶性と非晶性

　熱可塑性高分子はたくさんの毛糸状の分子がまるで釣糸のオマツリのように寄り集まっています。このような集合に結晶の様な規則性が出るはずはありません。つまり熱可塑性高分子は個体ですが結晶ではなく、ガラスと同じようなアモルファスなのです。

　図はこのような状態を模式的に表したものです。しかしよく見ると、ところどころに高分子鎖が互いに平行になって束ねられたような形になっているところがあることがわかります。この部分では分子鎖の方向が揃い、分子の間隔が狭くなっています。このような部分を結晶性部分といいます。そしてそれ以外の規則性のない房

のような部分を非晶性部分といいます。

　前項で見たように、結晶性部分では分子が分子間力によって互いに引き寄せられ、束ねられているので、毛利元就の「三本の矢」の例えのように機械的強度が強くなります。これは合成繊維の項でもう一度見ることになります。

また、プラスチック中を進む光はこの部分で反射されるので、結晶性の樹脂は透明性が悪くなります。1個の塊の氷は透明でも、砕いてカキ氷にすると不透明になるのと同じ原理です。

　一般にゴムは結晶化度が低く、反対に繊維では高くなっています。

物質の三態

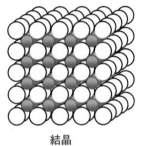

結晶

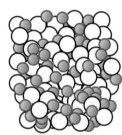

アモルファス

結晶性と非結晶の違い

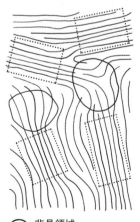

◯ 非晶領域
⋯⋯⋯ 結晶領域

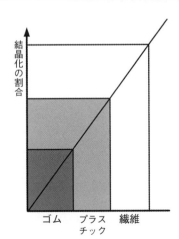

結晶化の割合

ゴム　プラスチック　繊維

熱可塑性高分子の性質と成形

　熱可塑性高分子と熱硬化性高分子では性質が大きく異なります。そのため、専門家の中には熱硬化性高分子はプラスチックに含めないという人もいます。

▶▶ 熱可塑性樹脂の性質

　ポリエチレン、ビニール、ナイロン、ペットなど、私たちが馴染んでいるプラスチックや合成繊維はほとんど全てが熱可塑性高分子です。この樹脂の高分子の最大の特徴は、加熱すると軟らかくなるということです。プラスチックの和訳は合成樹脂ですが、樹脂とは元々加熱すると軟らかくなるものですから、プラスチックが高温で軟らかくなるのは当然のことです。

　熱可塑性樹脂を分子構造から見た場合の特徴は分子が長い鎖状だということです。つまり、本書でこれまでに述べてきたことはほとんど全てが熱可塑性樹脂のことだったのです。熱可塑性樹脂はそれほど一般的な高分子なのです。

▶▶ 熱可塑性高分子の成形

　熱可塑性高分子の大きな長所は、成形が容易ということです。温めれば軟らかくなり、冷たくなれば固まるのですから成形は簡単です。加熱して液体状になった高分子を型に入れて室温に戻せばできあがりです。成形法には二種類あります。

射出成形：液体状のプラスチックをプランジャーに入れ、金型に注入します。金型はオス型とメス型の組み合わせでできており、その隙間にプラスチックが入ります。冷却した後に金型を分解すれば完成です。問題は正確な金型を作ることであり、日本はこの面の技術で優れているといわれます。

吹き込み成形：ブロー成形ともいわれます。その名前の通り風船を膨らませるような製法です。チューブの先に熔融プラスチックを付け、金型の中で膨らませるので

す。プラスチックは金型に沿って膨らみます。この方法では、金型はメス型しか必要ありません。ボトルやタンクなど中空の容器を作るのに便利な方法です。

熱可塑性分子の性質

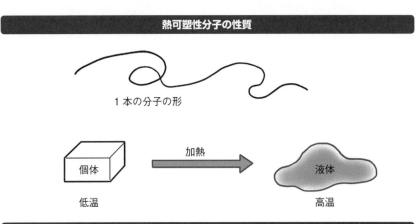

1本の分子の形

個体 低温 → 加熱 → 液体 高温

射出成形

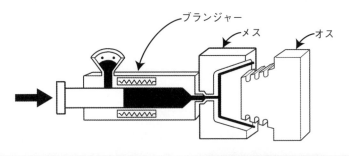

ブランジャー メス オス

吹き込み整形

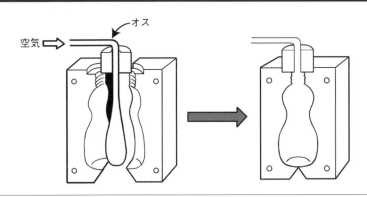

空気 オス

3-7

熱硬化性高分子の構造

　熱可塑性高分子の構造はひも状でした。しかし、熱硬化性高分子の構造は全く異なっています。つまり多くのひも状分子が更に網目状に結合しているのです。そのため、性質も全く異なります。

▶▶ 両高分子の構造の模式的比較

　熱可塑性高分子の分子構造は前に見た通りです。すなわち、単位分子が１個であろうと２個であろうと、あるいはもっと多かろうと、１個の単位分子はその両端の２カ所でしか結合できません。

　この結果できあがった高分子は、鎖や毛糸のように１本の長い分子になります。このような毛糸を何本も集めれば、釣糸のオマツリのように、互いに絡まって集団の塊になります。しかし強い風を当てれば毛糸は動き、集団の形は変化します。風の力を熱の力と考えれば、高温で軟化し、形の崩れることがわかります。これが熱可塑性の原因です。

　それに対して熱硬化性高分子の構造は網目構造です。その原因は１個の単位分子が３カ所で結合することにあります。この結果、熱硬化性高分子の分子は、全体に途切れることなく網目状の平面構造として無限に広がってゆきます。そしてそれが折り畳まれるようになって三次元の立体的構造となっています。つまり熱可塑性高分子の塊が多数の長い分子鎖の集合体であるのに対して、熱硬化性高分子は塊全体が１個の分子なのです。

▶▶ 熱硬化性高分子の構造例

　例としてフェノール樹脂の分子構造を示します。これはフェノールとホルムアルデヒドという二種類の単位分子からできた高分子です。なぜこのような分子ができるのかという反応機構は後に見ることにして、ここでは高分子構造の中のフェノール部分を見てください。

　フェノールのベンゼン骨格の３カ所に炭素が結合しています。全てのベンゼン骨格が３カ所で炭素と結合し、ネットワークを広げていけば無限に広がった平面になります。この平面が適当に折り畳まれ、重なったものが熱硬化性高分子なのです。

　これではいくら強い風が吹いても、塊の形が崩れることはありません。つまり、高温に加熱しても熱硬化性高分子は軟らかくならないのです。更に加熱すれば結合が切れ、空気中の酸素と結合して焦げ、やがて燃え出します。つまり木材が焦げた後燃え出すのと同じことです。

熱可塑性分子と熱硬化性分子の模式的比較

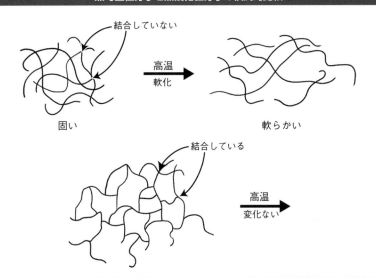

フェノール樹脂の構造

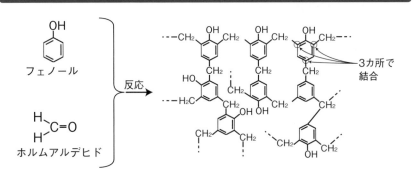

熱硬化性樹脂の性質と成形

熱硬化性樹脂（高分子）は加熱しても軟らかくなりません。木材と同じです。このような素材を一体どのようにして加工、成形するのでしょうか？

▶▶ 熱硬化性樹脂の性質

透明なプラスチックでできた冷水専用のコップに熱いお茶を入れるとコップがグニャグニャシテ驚くことがあります。これは熱可塑性樹脂でできているからです。ところが、プラスチック製のお椀に熱い味噌汁を入れても決して軟らかくなることはありません。これが熱硬化性樹脂です。

熱硬化性樹脂のこのような特徴を活かして、熱硬化性樹脂はお椀、フライパンの握り部分などの調理器具、電気のコンセント、あるいはグラスウールなどを固めるマトリックス剤に使われます。

▶▶ 熱硬化性樹脂の成形

熱硬化性樹脂はどのようにして成形するのでしょう？　木材のように切ったり削ったりするのでしょうか？

実は、熱硬化性樹脂といえども、その原料状態、あるいは反応途中の状態では固まっていません。このような状態の樹脂、つまり赤ちゃん状態の熱硬化性樹脂を金型に入れ、その中で加熱して高分子化反応を完成させるのです。反応が終わった段階で金型から取り出せば完成というわけです。本来の熱硬化性樹脂の名前は、この反応中間状態の高分子原料に付けられた名前だとすれば納得いくのではないでしょうか？　これなら、確かに加熱すれば硬化します。それにしても紛らわしい名前です。

これは人形焼やお煎餅を焼くのと似ています。ドロドロの小麦粉の溶液を型に入れて焼き上げればパリパリのお煎餅のできあがりです。焼きあがったオセンベイをいくら加熱しても軟らかくはなりません。焦げて燃え出すだけです。

熱硬化性樹脂の性質

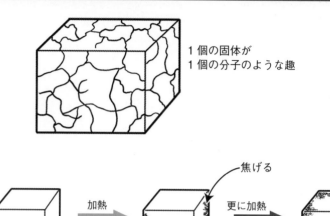

1個の固体が
1個の分子のような趣

焦げる

固体
低温

加熱

固体
高温

更に加熱

ここで燃え出す

熱硬化性樹脂の成形

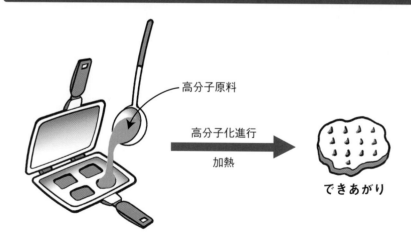

高分子原料

高分子化進行

加熱

できあがり

COLUMN　フェノール樹脂の発明

フェノール樹脂は人類初の合成高分子ですが、アメリカ人化学者、ベークランドが1907年に製造特許を取ってベークライトと名付けました。実はこの樹脂の発見は1872年まで遡りますが、工業化に成功したのはベークランドです。そのためベークランドは「プラスチックの父」と呼ばれることがあります。その前にセルロイドが実用化されていたのですが、これは原料に天然高分子のセルロースを使うので、合成高分子とは認められません。

▼レオ・ベークランド

MEMO

高分子を作る
化学反応

高分子は化学物質ですから、石炭や石油を原料にして化学反応によって作られます。でも高分子は普通の分子とは違いますから、それを作る化学反応も違っています。高分子合成に特有な反応のいくつかを見てみましょう。

4-1

高分子合成反応の種類

高分子合成は何千個という多数の単位分子を繋いで長大な分子を作る反応です。つまり、同じような反応を繰り返し起こさせる反応です。このような反応を一般に重合反応といい、多くの種類があります。

▶▶ 連鎖重合反応

重合反応は大きく2つに分けることができます。連鎖重合反応と逐次重合反応です。

連鎖重合反応というのは最初の反応が起こると、次の反応は自動的、自発的に進行する反応のことをいいます。つまり、ドミノ倒しのように、途中で止めることの困難な反応です。例えばエチレンがポリエチレンになる反応がこのような反応です。連鎖重合反応は高分子合成反応の主流であり、多くの種類があります。ポリエチレンのようにラジカルを経由したラジカル重合反応、あるいはイオンを経由したイオン重合反応などです。複数種類の単位分子が重合するものを特に共重合反応ということもあります。

▶▶ 逐次重合反応

それに対して逐次重合反応というのは、各段階の反応がそれぞれに完結し、順を追って次々と進行してゆく反応です。例としてナイロンやペットの合成反応が上げられます。

逐次重合反応は、原理的に単位分子間の反応が1回で完結する反応です。例えばペットの合成反応は、基本的にはカルボン酸であるテレフタル酸とアルコールであるエチレングリコールの間のエステル化反応です。すなわち、1個のテレフタル酸と1個のエチレングリコールが反応してエステルを生成した時点で1回の反応は完結しているのです。次はこのエステルと原料がまた新たにエステル化を起こすことになります。逐次反応には重付加反応、重縮合反応などがあります。

▶▶ 反応中間体：ラジカル、カチオン、アニオン

　化学反応というと出て来るのが「ラジカル、カチオン、アニオン」です。これらは一体何でしょう？　簡単です。共有結合の項で見たように、原子A、Bが共有結合で結合するときには、互いに電子を1個ずつ出し合ってそれを結合電子とします。ということはAとBの間には2個の電子が存在することになります。それでは、この結合を切断しましょう。2個の結合電子の行く末には3通りあります。

　① AとBに1個ずつ行く

　② Aに2個、Bには行かない

　③ Aには行かず、Bに2個行く

　この場合、電子を1個ずつ持ったA・、・Bはそれぞれ原子状態と同じであり電気適的に中性です。それぞれをAラジカル、Bラジカルといいます。ここで「・」は1個の電子を表し、ラジカル電子、あるいは不対電子といいます。ラジカルは未婚の人のようなもので、結婚願望が強く？　て反応性が激しいです。

　②、③において2個の電子を持ったものは電気的に中性のラジカルより電子が多くて−に荷電しているので陰イオン、アニオンといいます。反対に電子を持っていないものは＋に荷電しているので陽イオン、カチオンといいます。

連鎖重合反応と逐次重合反応

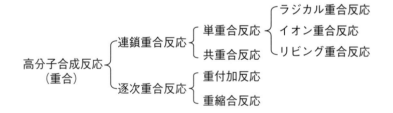

反応中間体

$$A \cdot + B \xrightarrow{\text{結合}} A : B$$

$$A : B \xrightarrow{\text{切断}} A : B \begin{cases} A \cdot + B \cdot & A \cdot 、 B \cdot \quad ラジカル \\ A : + B & A : アニオン \quad B \quad カチオン \\ A + B : & A \quad カチオン \quad B : アニオン \end{cases}$$

第4章　高分子を作る化学反応

4-2

連鎖重合反応

　連鎖重合反応は、最も高分子合成反応らしい反応ということができます。この反応では最初の反応が開始されると自動的に次の反応が連続します。つまり、反応物がある限り反応はどこまでも進行し、途中で止めることのできない反応です。

▶▶ ラジカル重合反応

　反応がラジカル中間体を経由して進行する反応です。典型的な例は先に見たエチレンの重合反応です。この反応ではエチレンの二重結合のうち1本が開裂して、各炭素上に1本の未反応の結合手が生じました。この結合手は元をただせば1個の電子、つまり先に見たラジカル電子です。

　ラジカルは電気的に中性です。1本のC-C結合を開裂したエチレンは2個のラジカル電子を持っているので一般にジラジカルと呼ばれます（"ジ"はギリシアの数詞で"2"を表します）。

　ラジカルは非常に反応性が高く、そのままの状態で存在することはできません。直ちに他の分子を攻撃して結合を作り、他の分子に変化します。エチレンがポリエチレンに変化する反応は正しくこのような反応です。

▶▶ イオン重合反応

　反応がイオンによって開始される重合反応をイオン重合反応といい、カチオン（陽イオン）によって開始されるものをカチオン重合反応、アニオン（陰イオン）によって開始されるものをアニオン重合といいます。

　図にアニオン重合の例を示しました。アニオン1がエチレン誘導体2に付加するとアニオン中間体3が生成します。3が続いて2を攻撃すると2が2個結合した構造のアニオン中間体4が生成します。

　このような反応の連続で、炭素鎖はどこまでも伸びてゆくことができます。これが重合反応の特徴です。ラジカル重合であれ、イオン重合であれ、反応の途中で生

じるものは全てラジカルやイオンという不安定中間体であり、非常に反応性の高い
ものばかりです。

▶▶ 反応の終点

このような反応が続くと最後はどうなるのだ？　と心配になるかもしれません。
心配ご無用です。反応の行われる系（フラスコの中）には反応物質（出発原料分子）
の他に色々の分子が存在します。一番わかり易いのは溶媒分子です。それから適当
な原子、原子団を引っこ抜けばよいのです。皆さんが心配なさらなくても分子が適
当にツジツマを合わせてくれます。

ラジカル重合反応

$$CH_2=CH + R\cdot \longrightarrow RCH_2-\overset{\cdot}{CH} \longrightarrow R-CH_2-CH-CH_2\cdots\overset{\cdot}{CH}$$

ラジカル　　　　　ラジカル　　　　　　　ラジカル

$$CH_2=CH$$

$$\longrightarrow R(CH_2-CH)_n$$

イオン重合反応

$$CH_2=CH + R^- \longrightarrow R-CH_2-\overset{-}{CH} \longrightarrow R-CH_2-CH-CH_2-\overset{-}{CH}$$

2　　1　　　　　3　　　　　　　　　　　4

$$CH_2=CH$$

2

$$\longrightarrow R(CH_2-CH)_n$$

リビング重合反応

　ラジカル重合やイオン重合では、原料がある限り反応は継続するように見えます。しかし実は反応は必ず途中で停止します。簡単には反応中間体同士が反応するのです。するとそれまでの反応中間体は消えて安定化合物になってしまいます。その結果、反応はその先に進まなくなり、高分子合成はストップしてしまいます。そのような反応停止を防ぐために開発された反応がリビング重合です。

▶▶ 重合反応の停止過程

　スチレン1のラジカル重合を見てみましょう。エチレンの重合反応の機構からわかる通り、反応の途中ではラジカル中間体が適当な分子R-Hと反応してラジカル中間体2が生成します。2に1が反応すれば重合反応は継続してポリスチレンが生成することになります。

　ところが、2は1と反応せず、他の反応を起こす可能性があるのです。そのような反応は次の2つです。

- ① 再結合：2分子の2が、2同士で結合して安定な通常分子3になってしまいます。当然、ここで反応は停止してしまいます。
- ② 不均化：片方の2から水素ラジカル（水素原子）H・が別の2に移動し、4と5になってしまいます。4、5は共に安定な通常分子でラジカルではないので反応は停止します。

▶▶ ラジカルアニオン

　上の様な反応停止を避ける目的で開発されたのがリビング重合という手法です。ラジカルアニオンを用いる例を見て見ましょう。ラジカルアニオンというのは一分子中にラジカル電子・とアニオン電子対-の両方を持つ分子のことをいいます。

　スチレン1にナトリウムを反応すると、ナトリウムの電子が1に移動してスチレンのアニオンラジカル6が生成します。これが反応を開始するのです。

つまり2分子の6が反応しようとしても、アニオン部分は静電反発によって近付くことができないので、ラジカル部分だけが結合して7になります。7は一般にジアニオンといわれるもので、アニオン部分が2個あるので、それぞれの部分（両端）でアニオン重合を継続することができるのです。

このように、この反応では途中で生成する中間体が、アニオンやカチオンの活性中間体のまま何時までも生き続けることができるのでリビング重合といいます。

重合反応の停止過程

$R-CH_2-\overset{H}{\underset{|}{C}}\cdot + \cdot\overset{|}{\underset{|}{C}}-CH_2-R'$

2 2

$CH_2=CH-\bigcirc$
1

再結合 ① → $R-CH_2-\overset{H}{\underset{|}{C}}\underline{\quad}\overset{|}{\underset{|}{C}}-CH_2-R'$ 3

不均化 ② → $R-CH=CH$ ＋ CH_2-CH-R' 4 5

重合 → $R(CH_2-CH)_nH$ ポリスチレン

リビング重合の手法

$\dot{Na}^+ + \overset{CH_2-CH}{\underset{\bigcirc}{}}$ 1 → $\overset{\dot{C}H_2-\bar{C}H}{\underset{\bigcirc}{}}$ ＋ Na^+
アニオンラジカル 6

$\overset{\dot{C}H_2-\bar{C}HNa^+}{\underset{\bigcirc}{}}$ 6 → $Na^+\bar{C}H_2-CH_2-\bar{C}H_2-\bar{C}H\ Na^+$ ジアニオン 7 $\xrightarrow[\text{アニオン重合}]{\text{モノマー}}$

$Na^+\ \bar{C}H-CH_2(CH-CH_2)_mCH-CH_2-CH_2-CH(CH_2-CH)_nCH_2-\bar{C}H\ Na^+$

リビングポリスチレン 8

第4章 高分子を作る化学反応

89

共重合反応

複数種類の単位分子を使って重合させる反応を共重合反応といい、そのようにしてできた高分子をコポリマーといいます。

▶▶ 複数種の原料による共重合

単一種類の重合反応でできた高分子では性質が単純です。このようなとき、互いの性質を補い合うような他の種類の単位分子を混ぜて重合すると、優れた性質が現れることがあります。このようにして作った高分子（ポリマー）をコポリマーといいます。

塩化ビニルから作ったポリ塩化ビニルは、機械的強度は高いのですが硬くて衝撃に弱く、砕け易い欠点があります。一方、酢酸ビニルから作ったポリ酢酸ビニルは軟らかい上に融点が低いのでプラスチックとしては使えません。水に懸濁して木工ボンドとして使うだけです。

しかし塩化ビニルと酢酸ビニルを共重合させた高分子は両者の性質を併せ持ち、硬い上に粘り強いので耐衝撃性プラスチックとして家電製品の外装などとして優れた性質を発揮します。

また、スチレンとブタジエンを共重合させたスチレン・ブタジエンゴムSBRはポリスチレンの硬さとポリブタジエンの軟らかさが融合したゴムとして多方面で使用されています。

▶▶ リビング重合による共重合

原料を混ぜて行う共重合では単位分子の結合順序を操作することはできません。二種類の単位分子がどのように連続するかは貴方任せです。しかし、リビング重合を使えばそれが可能です。

前節で見たリビングポリスチレン8はリビングポリマーの中間体です。系内に反応原料のスチレンがなくなったら、反応生成物は8でストップします。しかし8は

分子の両端に反応部位を残しています。

　ここに新たなエチレン誘導体$H_2C=CH_X$を加えたら、1の両端には$H_2C=CH_X$が重合してゆきます。つまりこの場合にはスチレン$H_2C=CH_2$でできた部分（ブロック）と$H_2C=CH_X$でできた部分が繋がることになります。このような高分子をブロックコポリマーといいます。このような合成ができるのもリビング重合の優れた点の1つです。

複数種の原料による共重合

$$\dot{C}H_2-CHNa^+ \quad + \quad H_2C=CH$$

$$\longrightarrow \quad \dot{C}H_2-CH-CH_2-CHNa^+$$

$$\longrightarrow \quad \dot{C}H_2-CH-CH_2-CH-CH_2-CH \ Na^+$$

スチレン部分　　　　$H_2C=CHX$ 部分

ブロックコポリマー

ブロックコポリマーの例

名前	単位分子
SBRゴム	CH_2-CH ＋ $H_2C=CH-CH=CH_2$ スチレン／ブタジエン
耐衝撃性プラスチック	CH_2-CH Cl 塩化ビニル　　$CH_2=CH$ COOH 酢酸ビニル

第4章 高分子を作る化学反応

4-5

逐次重合反応

　一段階ごとに完結する反応を次々と（逐次）連続させて高分子を作る反応を逐次重合反応といいます。付加反応が連続する重付加反応と縮合反応が連続する重縮合反応があります。

▶▶ 重付加反応

　2分子が付加つまり結合する反応を付加反応といいます。付加反応が次々と連続する反応が付加重合反応です。

　椅子の座面の内部クッションとしてよく知られる泡状のスポンジはポリウレタンという高分子です。この高分子の単位分子は2個のイソシアナート置換基N=C=Oを持ったジイソシアナート1と、2個のヒドロキシ置換基OHを持ったジオール2です。

　1と2が反応するとイソシアナート基-N=C=Oにヒドロキシ基―OHが付加反応して生成物3ができます。これは連鎖重合反応の途中でできる生成物（ラジカルやイオン）と違って、それ自体は安定な化合物です。しかし3には反応部位である置換基N=C=OとOHが存在しています。そこでこれらの置換基が更に1あるいは2と次々に付加反応すると、結果的に重合した高分子であるポリウレタン5を与えます。

▶▶ 重縮合反応

　先にナイロンとPETの項で見たように、縮合反応が連続する反応です。縮合反応とは、2つの分子の間で水のような簡単な分子が取れて結合する反応です。

　これらの反応でも各段階で生じる生成物は各々エステル、あるいはアミドという本来、安定な化合物です。この生成物が更に反応を継続するのは、反応系の中に反応原料があるからに過ぎません。決して途中に生じる生成物の反応性が殊更に高いというわけではありません。

　このような反応が連続して高分子となる反応ですから、重縮合反応で生じる高分

子はポリエステル、あるいはポリアミドが代表的ということになります。

重付加反応

$$O=C=N-Ⓐ-N=C=O \ + \ H-O-\boxed{B}-O-H \xrightarrow{\text{付加反応}}$$

ジイソシアナート
1　　　　　　　　　　　　　　　ジオール
2

$$O=C=N-Ⓐ-\underset{3}{\overset{\overset{H}{|}\ \overset{O}{\|}}{N-C}}-O-\boxed{B}-O-H \ + \ O=C=N-Ⓐ-N=C=O \underset{1}{\xrightarrow{\text{付加反応}}}$$

$$O=C=N-Ⓐ-\underset{4}{\overset{\overset{H}{|}\ \overset{O}{\|}}{N-C}}-O-\boxed{B}-O-\overset{\overset{O}{\|}\ \overset{H}{|}}{C-N}-Ⓐ-N=C=O+H-O-\underset{2}{\boxed{B}}-O-H$$

$$\longrightarrow \left(\overset{\overset{O}{\|}\ \overset{H}{|}}{C-N}-Ⓐ-\overset{\overset{H}{|}\ \overset{O}{\|}}{N-C}-O-\boxed{B}-O\right)_n$$

ポリウレタン
5

エステル化反応

$$nHO-\overset{\overset{O}{\|}}{C}-⟨⟩-\overset{\overset{O}{\|}}{C}-\boxed{OH+n\ H}-O-(CH_2)_2-O-H$$

テレフタル酸
（カルボン酸）　　　　エチレングリコール
（アルコール）

$$\xrightarrow{\text{縮合反応}} \left(\overset{\overset{O}{\|}}{C}-⟨⟩-\overset{\overset{O}{\|}}{C}-O-(CH_2)_2-O\right)_n$$

ペット
（ポリエステル）

アミド化反応

$$nHO-\overset{\overset{O}{\|}}{C}-(CH_2)_4-\overset{\overset{O}{\|}}{C}-OH \ + \ nH-\overset{\overset{H}{|}}{N}-(CH_2)_6-\overset{\overset{H}{|}}{N}-H$$

アジピン酸
（カルボン酸）　　　ヘキサメチレンジアミン
（アミン）

$$\xrightarrow{\text{縮合反応}} \left(\overset{\overset{O}{\|}}{C}-(CH_2)_4-\overset{\overset{O}{\|}}{C}-\overset{\overset{H}{|}}{N}-(CH_2)_6-\overset{\overset{H}{|}}{N}\right)_n$$

ナイロン 6,6
（ポリアミド）

4-6

熱硬化性樹脂の合成反応

　熱硬化性高分子は熱可塑性高分子とは大きく異なった分子構造を持ちます。当然、その合成法も異なります。

▶▶ 熱硬化性高分子の構造

　熱硬化性高分子の代表はフェノール樹脂、ウレア（尿素）樹脂、メラミン樹脂の三種です。これらの高分子はそれぞれフェノール1、ウレア（尿素）2、メラミン3を単位分子としますが、それだけではありません。これらの樹脂は全てもう一種、すなわち全てに共通の単位分子、ホルムアルデヒド4を用いているのです。

　熱硬化性樹脂が高温でも軟化しない原因は、その分子構造が三次元に渡る網目構造であることにあります。この網目構造のため、分子は高温になっても動くことができないため、軟化できないのです。そして、そのような網目構造を取ることの原因は、主要原料であるフェノール、ウレア、メラミンが一分子内で少なくとも3カ所の反応部位を持つことにあります。各分子の反応点を図に示しました。

　このために熱硬化性樹脂の分子は直線状の一次元構造でなく、平面状の二次元の平面構造を取ることができ、更にそれが折り畳まれて三次元の強固な立体構造を取ることができるのです。

▶▶ フェノール樹脂の合成反応

　熱硬化性樹脂で最も早く知られていたのはフェノール樹脂です。フェノール1は反応部位が3カ所あります。一般にオルト位o（2カ所）、パラ位p（1カ所）といわれる位置です。

　フェノール1の2個あるo-位のうちの1カ所にホルムアルデヒド4が反応すると生成物5が生じます。この反応は「付加反応」です。次いで5のヒドロキシ基-OHと1の（もう一カ所の）o-位の水素の間で「脱水縮合反応」が起こると6が生じます。6は2個のフェノール分子1が$-CH_2-$原子団によって結合された構造です。

　しかし6の2個のベンゼン環にはそれぞれo-位、p-位の反応点があります。もし
o-位に続けて反応が起これば7となります。しかし、p-に起こり、その後、o-位とp-
位の反応が繰り返されると、三次元網目構造のフェノール樹脂になります。

　全く同じことがメラミンの3カ所（6カ所）、ウレアの4カ所で起これば二次元、
三次元の立体構造になります。

熱硬化性高分子の構造

| フェノール 1 | メラミン 2 | ウレア（尿素） 3 | ホルムアルデヒド 4 |

フェノール樹脂の合成反応

フェノール樹脂

触媒の働き

高分子合成反応で重要な働きをするのが触媒です。触媒は生成物を変えることなく、反応を円滑に行わせるものといわれます。しかし触媒の働きはそんなナマヤサシイものではありません。

▶▶ チーグラー・ナッタ触媒

触媒は反応の速度を変えるだけではありません。触媒が無ければ進行しない反応はたくさんあります。高分子合成反応で有名な触媒は、二人の発見者の名前を取ったチーグラー・ナッタ触媒です。

これは反応速度を速めるだけでなく、高分子合成反応の生成物、つまり高分子の立体化学をも制御します。例えば先に見たポリプロピレン合成で生じる3種の立体異性体のうち、1種類だけを優先的に生成することも可能です。

しかし、この触媒はチタンTi、タングステンW、アルミニウムAl、スズSnなどの金属を用います。金属触媒は水俣病公害を起こした水銀の例があり、また鉛やカドミウムのように重金属は思わぬ毒性が見つかることがあります。

そのようなこともあり、現在では金属を用いない、新しいタイプの触媒の開発が進められています。

▶▶ 高分子触媒

その1つが高分子を用いた触媒です。生体では、実験室では決して起こらないような反応が進行します。よい例が反応温度です。実験室で行う有機化学反応はほとんどの場合、酸や塩基を触媒として加え、その上80℃、90℃という高温を用います。体の中でそんな反応を起こしたら、火傷で死んでしまいます。

生化学反応が40℃足らずの低温で進行するのは触媒のおかげです。生化学反応における触媒。それは酵素です。そして酵素は後の章で見るようにタンパク質という天然高分子なのです。

　この自然の知恵を借りて触媒を作ろうというのが新しい方向です。高分子は人類の役に立つ素晴らしい化学製品なのですが、環境汚染やマイクロプラスチックの問題とか、あるいは合成過程における環境汚染など、色々と解決しなければならない問題を抱えていることも確かなようです。

チーグラー・ナッタ触媒

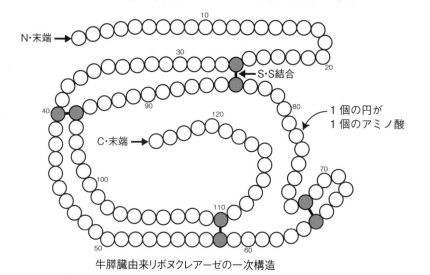

高分子触媒

牛膵臓由来リボヌクレアーゼの一次構造

MEMO

高分子の
物理的な性質

高分子は特殊な分子であり、それだけに普通の分子とは
違った特殊な性質を持っています。そのような性質のうち、
弾性変形、粘弾性、熱的特性、光学的性質、電気的性質など、
一般に物理的、機械的性質といわれるものを見てみましょう。

分子量と物性

ポリエチレンは炭素と水素だけでできた炭化水素の一種であり、気体のメタンや液体のガソリンの仲間です。違いは分子の大きさ、つまり分子量であり、メタンの16、ガソリンの100程度に比べてポリエチレンは10万以上と桁が2つも3つも違っています。分子量の大小は物質の性質にどのように影響するのでしょうか。

▶▶ 分子量と沸点・融点

炭化水素の性質を大きく左右するのは炭素数であり、メタンやブタンなど、すなわち炭素数1～4個のものでは気体であり、それ以上、10個程度のものでは液体であり、20を越えるとクリーム状を経て固体となります。しかし、炭素数が大きくなるとその融点は必ずしもハッキリしなくなります。

上図は炭化水素の分子量とその融点の関係を表したものです。分子量が小さい間は両者の間によい比例関係がありますが、分子量がある程度以上大きくなると、融点を表す曲線は横ばいになり、やがて融点に幅ができる、つまり明確な融点が測定できなくなります。固体と液体の境界が不明確になってくるのです。

これは炭素系化合物の特徴であり、炭素数が増えると、同じ炭素数でありながら構造式の異なる分子、すなわち異性体が増えことによります。そのような場合には異性体の分離、すなわち純粋物質を得ることが困難になります。物質が明確な融点を示すのはその物質が純粋であることの証明にも使われるくらいです。つまり不純な混合個体は明確な融点を示さないのです。

▶▶ 分子量と高分子の物性

下図は高分子の物性と分子量の関係を表したものです。グラフの線は分子量の増加と共にゆっくりと上昇し、高分子性がハッキリと現れることを示しています。しかし分子量が更に増えるとグラフの上昇傾向は鈍化し、やがて変化しなくなります。

このようなS字型のカーブは一般にシグモイドカーブといわれ、自然現象、特に

生体関係にはほとんど必ず現れるカーブです。このグラフによれば分子量がMoより小さい分子は高分子性を持っていません。つまり、低分子と高分子を分ける境界はM₀の辺りいうことです。それを超えると急激に高分子の性質が現れます。しかしそれも分子量がMsを超えると頭打ちになることがわかります。

炭化水素の分子量と融点の関係

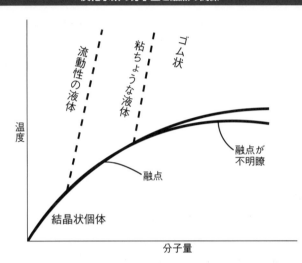

高分子の物性と分子量の関係

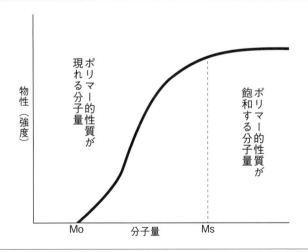

弾性変形

サランラップをひっぱると少し伸びます。このような変形を弾性変形といいます。しかし無理にひっぱりすぎると切れてしまいます。これを破壊といいます。

▶▶ 弾性率

図はプラスチックフィルムをひっぱった場合に、ひっぱる力（応力）と伸びる率（ひずみ）の関係がどうなるかを表したものです。応力が小さい間は応力とひずみの間にはよい比例関係があります。このとき現れる応力とひずみの比を弾性率といいます。

弾性率が大きいほど変形しにくいことを表します。いくつかの物体の弾性率を表に示しました。ダイヤモンドや鋼鉄は非常に大きく、これらが変形しにくい素材であることを示しています。それに対してゴムは弾性率が小さく、変形し易いことがわかります。プラスチックや木材は両者の中間になっています。

応力が大きくなって降伏点に達すると、物質の強度は急激に弱くなります。それまで応力に逆らっていたものが逆らいきれなくなります。すると、それ以上の力を加えなくてもそのままズルズルと伸びはじめ、やがて切れてしまいます。この点を破断点といいます。

▶▶ S-S曲線

応力はstrain、ひずみはstressということから、応力とひずみの関係を表したカーブをS-S曲線といいます。

図のケブラーは応力を大きくしてもひずみは大きくなりません。これはケブラーが非常に硬いことを表すものです。ケブラーはプラスチックですが、ナイフでもハサミでも切れないほど硬いことで有名で、戦士のヘルメットや防弾チョッキに用いられるほどです。

反対にゴムは非常に軟らかで、応力に抵抗することがほとんどないようです。

　ポリエステルやナイロンなどの高分子は両者の中間であり、典型的なプラスチックの性質を示しているということができますが、ナイロンの方が多少変形し易いようです。ガラス繊維はガラスと熱硬化性高分子でできた複合素材なので、高分子よりガラスの性質が大きく現れているようですがケプラーほどにはなっていません。

ひっぱる力と伸びる率の関係

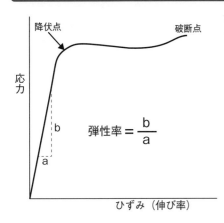

材料	弾性率の非
ダイヤモンド、鋼鉄	約100倍
ガラス、コンクリート	約10倍
プラスチック、木材	1
ポリエチレン	約1/10倍
天然ゴム	約1/100倍

高分子個体の応力－ひずみ曲線の例

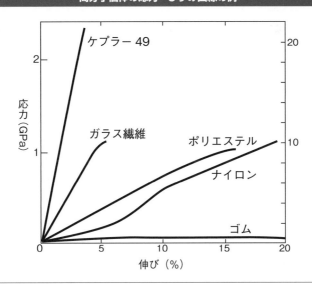

5-3

粘弾性

高分子には粘り強い性質があります。高分子に力を加えれば変形し、力を除けば元に戻りますが、すぐには戻りません。元に戻るには時間がかかります。しかし変形が激しい場合には元に戻らなくなります。

▶▶ 高分子の変形

バネに力を加えれば変形しますが、力を除けば直ちに元の形に戻ります。このような性質を弾性といいます。粘土も力が加われば変形しますが、力を除いても元に戻ることはありません。このような性質を粘性といいます。

水平に固定したプラスチックの棒の端に重りを下げると棒は下方に曲がって変形します。しかしその変化が現れるまでにはしばらくの時間がかかります。重りを取り去るとやがて棒は元の形に戻って水平になりますが、それにもまた時間がかかります。

図は高分子にかけた力（応力）の時間変化（図A）と、その結果高分子に現れた変形（図B）を同じ時間尺度で表したものです。図Aに見るように、ある時刻t_1に高分子フィルムに応力aを加えます。すると高分子は変形します。しかし図Bに見るように、その変化は突然現れるのではなく、徐々に現れます。そしてある時点で変形は飽和し、それ以上変形しなくなります。

次に時刻t_2で応力を取り除くと、高分子に現れた変形は解消しますが、すぐに解消されるわけではありません。時間をかけて徐々に解消されます。変形は解消されても完全には元の戻らないこともあります。このような性質を粘弾性といいます。一般には「撓う」とか「撓む」という言葉で表される性質です。

▶▶ 粘弾性モデル

粘弾性を表すにはバネとダッシュポットを組み合わせたモデルを使うと便利です。バネは応答の速い弾性のモデルです。ダッシュポットはピストンの中に油を入

れ、中に孔の空いた板を装着してその板を動かすものです。油が抵抗になって板は動きにくくなっているので、応答が遅くなります。

　粘弾性というのはこのバネの性質とダッシュポットの性質を併せたものとして解析することができます。そのようなモデルとして両方を並列関係にセットしたモデルと、直列関係にセットしたモデルが考えられます。

高分子の変形

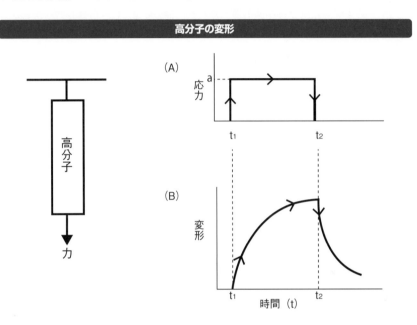

粘弾性モデル

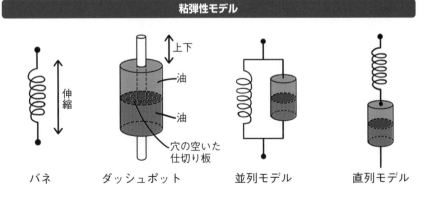

5-4

ゴム弾性

パチンコ玉やゴムボールを床に落とすと共に弾みます。しかし弾み方がまるで違います。パチンコ玉は小さく、ゴムボールは大きく弾みます。このような違いはなぜ起こるのでしょうか?

▶▶ エネルギー弾性

図はゴム分子の分子構造の一部です。両端を持ってひっぱったらどうなるでしょう? 結合長と結合角度が伸びて、分子が長くなるでしょうか? そのような分子の変形に基づく弾性をエネルギー弾性といいます。しかし結合長や結合角度を変化させるには大変なエネルギーを必要とします。パチンコ玉の弾性がエネルギー弾性であり、パチンコ玉が弾みにくいのはこのためです。

▶▶ ゴム弾性

ゴム分子は1のように丸まっています。両端をひっぱったらいくらでも伸びて2になります。これがゴムの伸びる理由です。それでは伸びたゴムがまた元のように丸くなって縮むのはなぜでしょう?

それはエントロピー (記号S) 効果によります。エントロピーとは乱雑さの尺度です。箱を仕切り板で仕切り、片方に気体A、もう片方にBを入れます。整然と区分けされた状態です。仕切り板を外したらどうなるでしょう? AとBは混じり合って乱雑な状態になります。逆の変化が自然と起こることは決してありません。

このように自然現象は整然状態から混乱状態に変化するのです。つまりエントロピーの小さい状態から大きい状態に変化するのです。これを熱力学第二法則といいます。ちなみに第一法則は「エネルギー不滅の法則」です。

分子1と2を比較してみましょう。2はこれ以上変形のしようがありません。つまり変形の自由度のない整然状態です。それに対して1は無秩序状態です。どのような形にでも変形できる究極の乱雑状態です。このような理由で伸び切った2は元の

1に戻るのです。このような弾性をエントロピー弾性といいます。

　ガムはゴムの一種ですが、風船ガム以外は伸ばすと元に戻らず、ちぎれてしまいます。これはゴム分子が互いに繋がっていないので、ズルズルと伸びていって集団から外れてしまうからです。それに対してゴムはこのガムにイオウSを加えて（加硫）ゴム分子間に橋掛け結合（架橋構造）を作って互いに繋ぎ止めているからちぎれないのです。

エネルギー弾性

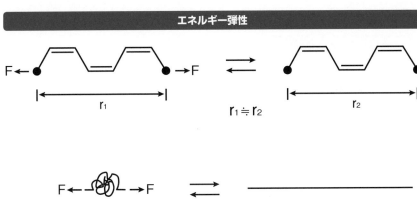

$r_1 \fallingdotseq r_2$

$r_1 \ll r_2$

1　S大　　　　2　S小

ゴム弾性

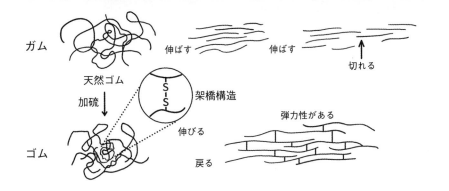

ガム　　　伸ばす　　伸ばす　　切れる

天然ゴム

加硫　　　架橋構造

ゴム　　　伸びる　　弾力性がある　　戻る

　熱可塑性高分子を加熱すると徐々に軟らかくなり、更に加熱すると最後は溶けて液体状になります。

▶▶ ガラス転移T_gと融点T_m

　熱可塑性高分子を加熱すると軟らかくなり、同時に体積は膨張します。しかしその細かい様子は、同じ熱可塑性高分子でも結晶性のものと非晶性のものでは違います。

非晶性高分子

　図Aはアクリル樹脂のような非晶性の高分子を加熱したときの変化です。低温では硬い固体ですが、ガラス転移温度T_gを超えると軟らかいゴム状になり、ついには液体状になります。高分子の体積は加熱と共に膨張しますが、その割合はT_gを超えると急に大きくなります。

結晶性高分子

　図Bはポリエチレンの様な結晶性の高分子の様子です。T_gを超えると弾力性が出て来るのは非晶性のものと同じです。この変化は非晶性部分が流動化したことによるものです。更に加熱して融点T_mを超えると結晶性部分が溶けます。このため高分子は一挙にゴム状になり、更に加熱すると液体状になります。

　結晶性高分子の体積変化はT_mで一挙に膨張します。これはそれまで束ねられたようになって固定されていた結晶性部分がバラバラになって熱による分子運動を始めたことによるものです。

▶▶ T_gとT_mの組み合わせ

　図は熱可塑性高分子の種類と、T_g、T_mの関係を示したものです。ゴムタイプとガラスタイプは非晶性なのでT_mはありません。ゴムタイプの特徴はT_gが室温以下だということです。そのため、室温で既にゴム状になっているのです。

　プラスチックタイプはゴムタイプと同じようにT_gが室温以下なので、固体でも多

少の弾力性があります。しかし繊維タイプではT_gが室温以上なので、室温では結晶状態であり、耐熱性、機械的強度、耐薬品性などが共に大きい状態です。合成繊維にアイロンがけができるのはT_mがアイロンの温度より高いからです。

　化学的には全く同じ高分子でも、プラスチックや繊維という集団になると、性質に違いが現れてくるのです。

ガラス転移と融点

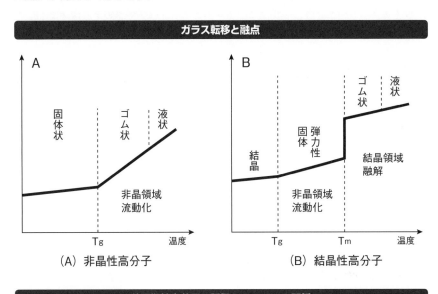

（A）非晶性高分子　　　（B）結晶性高分子

熱可塑性高分子の種類とT_g、T_mの関係

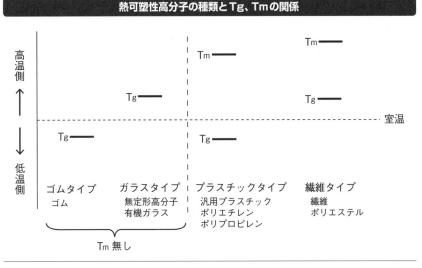

光特性

プラスチックの中にはレンズに用いることができるほど透明なものもあれば、全く光を通さないものもあります。何が原因なのでしょうか？

▶▶ 透明性と不透明性

分子は光を吸収します。分子が吸収する光の波長と分子構造の関係は、理論的に明らかにされています。それによると、少なくとも飽和結合、すなわちC-C―重結合だけでできた分子は光を吸収することはなく、全ての光を通す、すなわち透明なはずです。ところがポリエチレンは飽和結合だけでできているのに不透明です。

これはポリエチレンが不透明なのは、ポリエチレンが光を吸収することによるものではないことを示します。ポリエチレンが不透明なのは、ポリエチレンの塊の中に結晶性の部分と非晶性の部分があるからなのです。非晶性の部分は液体と同じであり、光を透過します。しかし、結晶性の部分があると光はその境界面で反射されてしまい、そのため不透明になるのです。透明な氷がカキ氷になると不透明になるのと同じことです。

▶▶ 屈折率

光の速度は通過する物体によって異なります。真空中が最も速く、他の物体中では遅くなります。この速度の違いのため、光が他の物体に入射するときには進行方向が変化します。それを屈折率といいます。

高分子の場合、分子構造にベンゼン骨格があると屈折率が高くなることが知られています。いくつかの物質の光透過率、屈折率、その他の数値を表に示しました。屈折率はガラスの方が大きいようです。ただし屈折率の大きいガラスには酸化鉛PbO_2が入っているので重くなり、眼鏡には向きません。

有機ガラスとも呼ばれ、水族館の水槽などにも用いられるポリメチルメタクリレートPMMAはガラスよりも透明度が高いです。しかしベンゼン環を持っていな

いので屈折率はベンゼン環を持つポリカーボネートPCやポリスチレンPSに及びません。ダイヤモンドの屈折率は2.42です。

　光学レンズは屈折率の大きいものほど有利です。しかしコンタクトレンズの場合には、装着感をよくするために吸水率も重要になります。それはPMMAが抜群によいことがわかります。コンタクトレンズに専らPMMAが使われるのはこのような理由もあります。

ガラス転移と融点

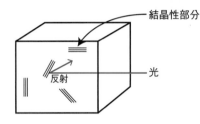

結晶性部分
光
反射

屈折率

	PMMA	PC	PS	ガラス
光透過率	92	88	89	90
屈折率	1.49	1.59	1.59	1.4〜2.1
熱変形温度（℃）	100	140	70〜100	
吸水率	2.0	0.4	0.1	

PMMA $\left[\mathrm{H_2C-CH}\right]_n$ $\mathrm{O\!=\!C\!-\!OCH_3}$

PC $\left[\mathrm{O-\!\!\!\bigcirc\!\!\!-\overset{CH_3}{\underset{CH_3}{C}}-\!\!\!\bigcirc\!\!\!-\overset{O}{C}}\right]_n$

PS $\left[\mathrm{H_2C-CH}\right]_n$ $\bigcirc$

第5章　高分子の物理的な性質

電気特性

物質は電気の通し易さによって良導体、半導体、絶縁体に分けることができます。高分子は典型的な絶縁体と考えられていましたが現在では高分子の良導体、半導体も開発されています。

▶▶ 絶縁性

電流は電子の流れです。電子がA地点からB地点に移動したとき、電流はBからAに流れたものと定義されています。金属の中には金属結合を構成する自由電子がたっぷりと存在します。この電子が移動すれば電流となるため、金属は伝導性が高いのです。

しかし高分子の持つ電子は共有結合を形成する結合電子です。この電子は結合する2個の原子の間に留まって動こうとしません。そのため、高分子は絶縁性なのです。中でもポリエチレンは絶縁性が高いことから電線の被覆材としてよく用いられるほどです。安価で難燃性の高いポリ塩化ビニルも家庭用電線の被覆材として用いられます。

いくつかの物質の伝導率を図に示しました。図には伝導度が金属並みに高い導電性の高分子が示されていますが、これについては後に機能性高分子の章で詳しく見ることにします。

▶▶ 静電気対策

材質の異なる物体を擦り合わせると、片方からもう片方に電子が移動することがあります。電子が増えたらマイナスに、減ったらプラスに帯電したことになります。どちらにしろ、静電気を溜めたことになり、これが静電気の原因になります。

高分子と金属を擦りあわせると金属から高分子に電子が移動し、金属がプラスに、高分子がマイナスに帯電します。静電気の溜まった物体が導電性の高い物体に触れると両者の間に電子の移動が起こり、電流が流れます。これがあのバチッとした不

愉快な刺激になります。

　静電気に基づく放電は発火を伴うことがあるので重大な事故の原因にもなります。そのため、高分子に導電性を持たせる試みが色々と行われています。

　1つの方法は高分子の表面に金属粉を塗る、あるいは金属メッキを施すことです。また、帯電防止剤として低分子アンモニウム塩 $R\text{-}NH_3^+Cl^-$ などの電解質を添加したり、カーボンブラックや金属粉を添加することも行われます。前者では導電率が6桁、後者では12～15桁も上がることが知られています。

様々な物質の伝導率

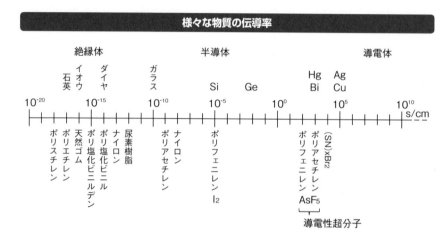

静電気対策

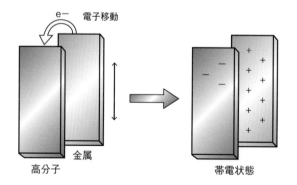

MEMO

第**6**章

高分子の
化学的な性質

高分子の性質のうち、化学的といわれる性質を見てみましょう。化学的性質には溶け易さ、耐薬品性、気体の透過度、燃え難さなどがあります。そしてこれらの性質を改良するための、高分子特有の方法、反応などについても見てみます。

6-1

溶解性

高分子は有機物です。バターなどと同様に、水には溶けませんが油、石油などの有機溶剤には溶けて溶液となります。

▶▶ 膨潤と溶解

熱硬化性高分子は液体に溶けませんが、熱可塑性高分子は溶けることがあります。熱可塑性高分子を適当な溶媒に入れると、高分子は溶けて溶液になります。熱可塑性高分子の個体はアモルファスですから、密に束ねられた結晶性の部分と緩く広がった房のような非晶性の部分があります。そのため、溶媒に入れると溶媒分子はまず非晶性部分に浸み込んでゆきます。この結果、非晶性部分は更に広がり、柔軟になります。この状態を膨潤と呼びます。

更に溶媒が浸み込むと、溶媒は結晶性部分にも浸み込み、その結果、結晶性部分が徐々にほどけてゆきます。最後には高分子鎖は1本1本にバラバラになり、周りを溶媒で囲まれた状態になります。この状態を溶媒和といいます。これが高分子の溶けた状態であり、高分子溶液と呼ばれるものです。

▶▶ 溶解度パラメータ

高分子が溶けるかどうかは溶媒によります。高分子をよく溶かすものを良溶媒、あまり溶かさないものを貧溶媒といいます。良溶媒中では高分子鎖は伸び伸びしてエントロピーの大きい状態です。しかし、貧溶媒中では縮こまっています。

低分子量の溶質と溶媒の関係には「似たものは似たものを溶かす」という原則が働き、構造や性質が似たもの同士はよく溶けます。しかし、高分子ではこの原則は必ずしも通用しません。例えばポリエチレンとヘキサンC_6H_{14}は共に炭化水素で似ていますが両者は溶け合いません。

その代わりに役立つのが溶解度パラメータと呼ばれる指標です。図の横軸が溶解度パラメータです。横軸の上部はそのパラメータを持った高分子、下部は溶媒です。

　高分子は自分と似た値の溶解度パラメータを持つ溶媒に溶け易いのです。つまり、この図で上下に重なっている高分子と溶媒は溶け易い関係にあるということです。

　普通の物質の場合には溶媒和のし易さが溶解の指標になりますが、高分子の場合にはそれ以外に、溶けた高分子がどれだけ伸び伸びと自由な状態を採れるか、エントロピーがどれだけ増大するかということが重要な要素になっています。

膨潤と溶解

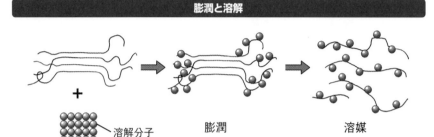

溶解分子　　　膨潤　　　溶媒

良溶媒と貧溶媒

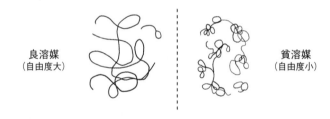

良溶媒
（自由度大）

貧溶媒
（自由度小）

溶解度パラメータ

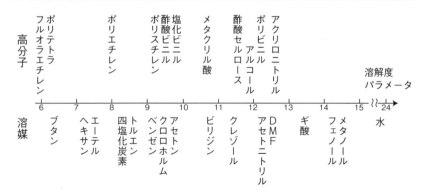

高分子溶液

低分子と高分子の間には、性質に大きな違いがあります。それだけでなく、それぞれを溶かした溶液の間にも性質の違いがあります。いくつかの例を見てみましょう。

▶▶ ワイゼンベルグ効果

砂糖などの低分子を溶かした溶液を入れたビーカーの中心にガラス棒を入れて回転させるとガラス棒の周りに渦ができ、渦の中心のガラス棒に近い部分ほど液面が下がっていきます。

ところが高分子の一種であるポリエチレンオキシドの溶液で同じことをすると、回転する棒の周りの溶液がガラス棒に巻きつくようにして液面が上昇します。

これは高分子鎖管の絡み合いによって分子が巻き上げられたものでワイゼンベルグ効果といわれます。

▶▶ 溶液圧力

水道の蛇口から水道水が出るところを見ると、蛇口から出た瞬間から水の太さは蛇口の太さより細くなります。ところが、同じように高分子の濃厚溶液を細い管から放出すると、管から出た瞬間に溶液の太さは管より太くなり、その後次第に細くなってゆきます。

これは溶液が細い管を通るときに高分子同士の絡まりで圧力が高まり、管から出た瞬間に管の束縛から解放されるために広がったことによるものです。

▶▶ 流動現象

ビーカーに入った高分子の濃厚溶液を他のビーカーに移しかえるときに、最初は低分子溶液の場合と同じように上のビーカーを傾ける必要があります。しかし、ある程度流れ出したら、傾けたビーカーを元に戻しても溶液は途切れることなく、ビーカーの壁面を伝って昇り、まるで透明なサイホンでもあるかのように別のビー

カーに移動してゆきます。

　これは高分子同士の絡まりにより、一方の高分子が他の高分子を引き上げながら流れ落ちていくためです。

低分子と高分子の性質の違い

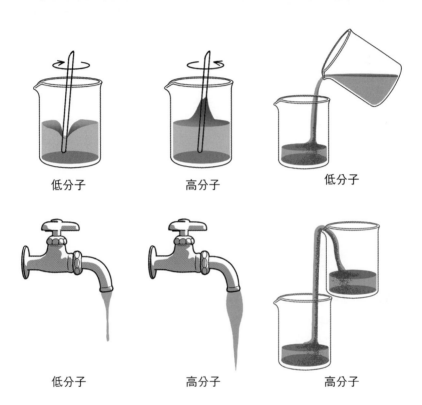

低分子　　　　　　　　高分子　　　　　　　　低分子

低分子　　　　　　　　高分子　　　　　　　　高分子

6-3

耐薬品性

プラスチックは優れた素材であり、色々な製品として利用されます。その際には色々な性質が要求されますが、機械的な強さ、耐熱性と共に大切なのが耐酸・耐塩基性などの耐薬品性です。

▶▶ 薬品と高分子の関係

薬品が高分子を侵すメカニズムは溶解と似ています。薬品は高分子の非晶性部分から侵入し、やがて結晶性部分に達し、高分子を一分子ずつにバラバラにします。従って、高分子は溶解度パラメータの近い薬品に特に侵され易いということができます。

また、薬品が高分子を侵すためには、高分子中に侵入した薬品分子が自由に拡散できる、つまり自由に行動できることも重要となります。そのためには、高分子の性質が大きく影響します。つまり高分子鎖中に薬品が動くための空間が必要となります。

もしも高分子鎖が互いに分子間力で強く結び付いた結果、凝集エネルギーが高くなっていたり、あるいは分子構造にベンゼン環などの剛直な部分構造が多くて分子鎖が剛直な場合には薬品分子の行動は制限されます。このような高分子は耐薬品性が強いことになります。

▶▶ 高分子の耐薬品性

ポリアミド (ナイロン) やポリエステル (ペット) などは分子中に電気的にプラスの部分とマイナスの部分を持った極性分子であり、分子間の引力が強くなります。そのため溶媒などの薬品分子が浸み込みにくいので、一般に耐薬品性は強いです。しかしその反面、極性溶媒や酸、塩基に弱くなります。

反対に無極性のポリエチレンなどは有機溶媒には弱いが、酸や塩基には強いということになります。

　図にいくつかの高分子の耐薬品性を示しました。ポリプロピレンやポリスチレンが有機溶媒には弱いが、酸・塩基には強いことがよくわかります。反対にナイロンやペットは酸・塩基などの高濃度溶液には弱いことがわかります。

　ポリエチレンの水素Hを全てフッ素Fに置き換えたテフロンは典型的な無極性高分子です。これは無極性の度合いがあまりに強いため、有機溶媒とも親和性がなくなっています。その上、結晶化度が95％と非常に高いため、薬品の侵入も拡散も抑えることができるので高分子の中で最高の耐薬品性を誇っています。

薬品と高分子の関係

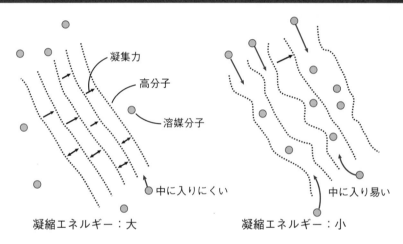

凝縮エネルギー：大　　　　　　　　　凝縮エネルギー：小

高分子の耐薬品性

	ポリカーボネート	ナイロン6,6	ペット	ポリスチレン	ポリプロピレン	テフロン®
有機溶媒	△〜✕	◎	◎	✕	△	◎
酸・アルカリ 低濃度	○〜△	◎〜○	◎	◎	◎	◎
酸・アルカリ 高濃度	△〜✕	△〜✕	△〜✕	○	◎	◎

6-4

通気性

高分子フィルムはマクロな目で見れば隙間のない、密閉性の高いものに見えますが、ミクロな目で見れば糸が絡まっているだけの、隙間だらけのものです。高分子フィルムを通して内部の臭気は外に漏れ、外部の酸素は中に入って収納物を酸化します。

▶▶ バリア特性

高分子材料がどれだけ気体を通すかの指標をバリア特性といいます。バリア特性は包装用フィルムや飲料水などのボトル素材で重要なもの性であり、高分子の耐薬品性の気体版と思えばよいようなものです。

気体のバリア特性を決めるのは気体分子の高分子中での溶解性と拡散性です。溶解性は溶解度パラメータで知ることができます。つまり高分子フィルムは溶解度パラメータの似た気体を通し易いということができます。酸素や二酸化炭素などのように非極性の気体はポリエチレンなどの非極性高分子フィルムを通過し易いです。しかし水のような極性分子はこのようなフィルムを通過しにくいことになります。

また、極性高分子のフィルムは分子間力が強くなるので分子の凝集力が強く、中に入った気体分子の拡散力が落ちることになります。また高分子がベンゼン骨格などを持って構造的に剛直な場合も拡散力が落ちます。

▶▶ ラミネートフィルム

結局、高分子フィルムのバリア特性を上げるためには、フィルムを一種の高分子だけで作るのではなく何種類ものフィルムを貼り合わせてラミネート構造にするのがよい、ということになります。万能向けのフィルムにするのなら、極性高分子フィルムと非極性高分子フィルムを重ねるのがよく、中にアルミ箔のような異質のフィルムを挟めば完璧ということになります。

しかしこのようなフィルムは使う分にはよいのですが、使い終わってリサイクル

に出す段階になると、始末に負えなくなるという難点もあります。

高分子のバリア特性

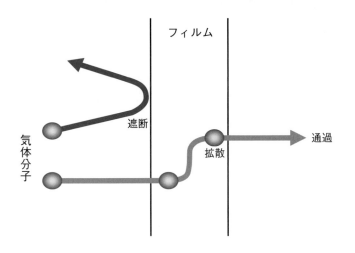

高分子の凝縮エネルギー密度と酸素透過度

ポリマー	凝集エネルギー密度	酸素透過度
ポリビニルアルコール	230	0.64
ポリビニリデンクロライド	140	16
ナイロン6	130	180
ポリエチレンテレフタレート	120	460
ポリプロピレン	60	23000
ポリエチレン	70	74000

ラミネートフィルムの化学式

$$\left(CH_2-CH\right)_n$$
$$\quad\quad\;\; OH$$

ポリビニルアルコール

$$\left(CH_2-CCl_2\right)_n$$

ポリビニリデンクロライド

第6章 高分子の化学的な性質

6-5

耐熱性と難燃性

　高分子の熱に対する性質は物理的、化学的、両面から見ることができます。ここでは化学的な側面を見ることにしましょう。化学的な熱変性の究極は燃焼です。

▶▶ 化学的耐熱性

　先に見たように、物理的熱変性の特徴は温度が戻れば性質も元に戻る、すなわち可逆変化であるということです。それに対して化学的な熱変性は化学結合の切断、再結合などであり、これによって分子構造は不可逆的に変化してしまいます。多くの場合、高分子鎖は短くなり、低分子に近付きます。そして最終的には普通の分子と同じように、周囲の酸素と反応して、燃えて二酸化炭素と水などになってしまいます。

　高分子の化学的耐熱性を上げるためには、耐薬品性、バリア特性などで見たように次の2点が重要となります。

　A 分子骨格を剛直にする

　B 分子間力を強化する

ことです。Aのためには高分子の主鎖にベンゼン環を導入するとか、ポリイミドのようなはしご状の構造を導入するなどの手段があります。またBのためには高分子の結晶性を高めることが有効です。

▶▶ 難燃性

　壁紙やカーテンなど、建築に用いる繊維には、火事などの不測の事態に備えて、「燃えない」という、難燃性が重要な要件となります。物質の燃焼というのは分子と酸素との結合であり、そのためには

　① 高分子の結合切断と

　② 酸素との結合生成

という2段階の化学反応が伴います。そしてこのような反応を妨げるためには、高

分子の結合が切れないように結合エネルギーを大きくすることが重要となります。そのためにはベンゼン環などを導入した剛直構造、あるいはポリイミドの様なはしご型構造が有効とされています。

　高分子の燃え難さを表す指標に、燃焼に必要な酸素濃度を表したLOI%（Limited Oxygen Index、限界酸素指数）があります。いくつかの高分子のLOI%を図に示しました。テフロンは90%を超える過酷な条件でも燃えることはなく、抜群の難燃性ということができます。逆にポリオキシメチレンのように、主鎖に酸素原子が入っているものはLOI%が16%と非常に燃え易いことがわかります。ポリエチレンはセルロースよりも燃え易くなっています。炭化水素の宿命です。

化学的耐熱性

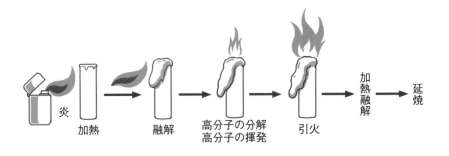

炎　加熱　融解　高分子の分解　引火　加熱融解　延焼
高分子の揮発

LOI%（限界酸素指数）

燃え易さの指針	LOI：(%)燃焼に必要な酸素濃度		
テフロン	95	難燃性	X：ハロゲン
ポリ塩化ビニル	45		主鎖に芳香族環
フェノール樹脂	35		
ナイロン6,6	23	自己消火性	CH₂ CH₂
ポリカーボネート	26		軟らかくて熱で溶け易い
ポリビニルアルコール	22		
セルロース	19	延焼性	
ポリエチレン	17		軟らかくて熱で溶け易い
ポリオキシメチレン	16		

化学反応性

分子は化学反応を行います。特に有機分子は化学反応を行い易いという特徴を持ちます。高分子も有機分子です。従って高分子も化学反応を行います。

▶▶ 架橋反応

高分子の反応で昔からよく知られているのは架橋反応です。架橋反応というのはそのものズバリで、2本の高分子の途中を適当な手段で繋いで橋をかける反応のことをいいます。よく知られた反応にゴムの加硫反応があります。

ゴムの木から採った樹液を固めた天然ゴムは、伸ばせば伸びますが、手を離しても縮みはしません。伸びっ放しで更に伸ばせばちぎれてしまいます。ガムと同じです。天然ゴムに、私たちが知っている伸び縮みの性質を与えるには、ゴムに加硫促進剤R・とイオウS_xを加えなければなりません。

ゴムの高分子1に加硫促進剤R・を加えるとR・が1から水素ラジカル（水素原子）H・を引き抜き、ラジカル中間体2が生成します。これにイオウS_xを加えるとS_xが結合したラジカル3となります。3がもう一分子の1と反応すると、2本のゴム分子がS_xによって架橋された4となります。この結果、2本のゴム分子が繋がったことになります。このような反応がゴムの集団の中で広がると、多くの分子が繋がることになり、伸ばしてもちぎれることはなくなります。これがガムとゴムの基本的な違いです。

▶▶ グラフト重合

グラフト重合は先に高分子合成のリビング重合の項で見ました。ここではこれとは異なった反応機構で起こるグラフト重合を見て見ましょう。

分子鎖の途中に塩素原子Clを持った高分子1に有機アルミニウム化合物Et_2AlClを作用すると、塩素がアニオンとして脱離して陽イオン中間体2が生成します。これに単位分子3を反応すると、2の陽イオン部分からカチオン重合反応が進行し、1に

別の高分子4が結合したグラフト高分子が生成します。

　このようにして作ったグラフト高分子は高分子1の性質と高分子4の性質を併せ持つ、あるいは両者の中間のような性質を持つことになり、原料高分子より優れた性質を持つことが期待されます。

架橋反応

架橋反応

クラフト反応

6-7

高分子の物性改良

完成した高分子の性質、品質を改良したいこともあります。そのような場合には品質改良のための添加剤を加えるとか、他の高分子を混ぜるとかの手段があります。

▶▶ 可塑剤

高分子は炭素が数千個から1万個も繋がったものです。このような高分子はガラスのように硬いのが普通です。しかし、私たちが使うプラスチックの中にはフィルムやチューブなどのようにグニャグニャと軟らかいものがたくさんあります。このような柔軟な高分子の多くは特別な材料、すなわち、高分子を軟らかくするための可塑剤を入れてあります。

塩化ビニルのチューブなどは可塑剤によって柔軟になった例の1つです。可塑剤には多くの種類がありますが、それを何種類かブレンドして要求に応じた可塑剤を作ります。混合する可塑剤の種類、割合は各企業のノーハウです。

可塑剤としてよく用いられるのはフタル酸の誘導体です。プラスチックによっては重量の50%を超える量の可塑剤が入っているといいます。プラスチックが本体か、可塑剤が本体かわからないような状態です。プラスチック製品を使う場合には、プラスチック自身は溶けなくても、可塑剤が溶け出すことがあります。塩化ビニルチューブが使われ出した初期には、輸血のパイプに使われ、血液中に可塑剤が溶け出して患者がショック状態になった事故もあったといいます。

▶▶ ポリマーアロイ

二種類の高分子を混ぜたら、その中間の性質を持った高分子ができるものと考えられます。このように何種類かの高分子（ポリマー）を混ぜた高分子の混合物を、金属の合金（アロイ）に倣ってポリマーアロイといいます。

ポリマーアロイの問題点は、高分子は均一に混じりにくいということです。高分子Ａと高分子Ｂを混ぜて撹拌しただけでは、組成が均一にはなりません。Ａだけの

ブロックとBだけのブロックの寄せ集まり、モザイク構造になってしまいます。これ
では期待した性能が出ないだけでなくブロックの接合面から破壊が進行し、プラス
チックの性質はむしろ改悪されてしまいます。

　この不具合を解消するために用いられるのがコンパティビライザー（コンパティ
ブル：両立可能）です。これを加えると、この分子が両高分子の仲立ちとなって均一
な組成のポリマーアロイができるのです。昔の言葉でいえば仲人さんのようなもの
です。高分子AとBの単位分子を混ぜて作った共重合体がコンパティビライザーに
用いられます。

可塑剤

O
‖
C-O-CH₂CHCH₂CH₂CH₂-CH₃
|
C₂H₅

C-O-CH₂CHCH₂CH₂CH₂-CH₃
‖ |
O   C₂H₅

DEHP（フタル酸ジ-2-エチルヘキシル）

O
‖
C-O-C(CH₃)₃

C-O-C(CH₃)₃
‖
O

DBP（フタル酸ジブチル）

コンパティビライザー

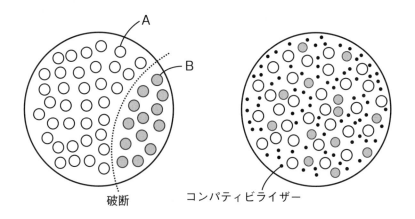

破断

コンパティビライザー

6-8

高分子の劣化

高分子の劣化には光や熱、水、空気などの環境因子と、高分子の化学構造や物理構造などの構造因子が関係します。これらのうち、最も大きい影響力を持つのは空気中の酸素であることが知られています。

▶▶ 高分子の劣化のメカニズム

高分子が酸素の酸化作用によって劣化するメカニズムは次のようなものと考えられています。すなわち、高分子R-HのC-H結合が光エネルギーによって切断されると高分子ラジカルR・が発生します。これが酸素と結合するとR-OO・という高分子の過酸化物ラジカルとなります。このラジカルが他の高分子を攻撃するとそこからHを引き抜いて高分子ラジカルR・と高分子の過酸化物R-OOHとなります。

このようにして生じたR・、ROO・などが次々と他の高分子を攻撃し、C-C結合の切断などを起こして高分子を劣化させるのです。

▶▶ 構造的な因子

高分子の劣化のカギを握るのは高分子ラジカルR・です。R・が生成し易い高分子ほど劣化し易いと考えることができます。つまりC-H結合エネルギーが小さくて切れ易ければ劣化し易いということです。

図は色々の環境に置かれたC-H結合エネルギーを比較したものです。C-H結合の炭素に付いているメチル基CH_3の個数を変えてあります。メチル基の個数が多いほど結合エネルギーが低くなりC-H結合が切断され易いことがわかります。この順序はまた、C-H結合切断によって生成した高分子ラジカルの安定性をも反映しています。つまりラジカル電子を持っている炭素に多くのメチル基が付いているほど安定なのです。

▶▶ 劣化防止

このような高分子の劣化を防ぐためには、高分子に紫外線安定剤や酸化防止剤を添加することが有効です。紫外線によるラジカル発生を防ぐには紫外線吸収剤や、発生したラジカルを補足するラジカル補足剤が有効です。また酸化防止剤としては酸化によって生じたラジカルを補足するもの、つまりここでもラジカル補足剤が有効ということになります。

ラジカル補足剤にはフェノール系Ph-OHと芳香族アミン系Ph-NH$_2$がありますが、プラスチックには着色しにくいフェノール系、ゴムにはアミン系が用いられます。

高分子劣化のメカニズム

$$R_1-H \xrightarrow{\text{熱}} R_1+H\cdot \xrightarrow{O_2} R_1-OO\cdot \xrightarrow{R_2-H} R_1-OOH+R_2\cdot$$

$$\downarrow \begin{array}{l} R_3-H \\ -H_2O \end{array}$$

$$R_1-O\cdot+R_3\cdot$$

生成ラジカル種：R$_1\cdot$,R$_2\cdot$,R$_3\cdot$,R$_1-OO\cdot$,R$_1-O\cdot$, etc.

高分子劣化の構造的な因子

$$\underset{85}{CH_3-\overset{CH_3}{\underset{CH_3}{C}}H} < \underset{89}{CH_3-\overset{CH_3}{\underset{H}{C}}H} < \underset{98}{CH_3-\overset{H}{\underset{H}{C}}H} < \underset{101}{H-\overset{H}{\underset{H}{C}}H}$$

結合エネルギー（kcal/mol）　→　酸化され易い　　　　酸化されにくい

MEMO

高分子素材の種類と性質

高分子は色々な器物を作る原料素材として使われます。高分子には炭素と水素からできた有機物高分子の他に、炭素だけでできた炭素樹脂、ケイ素を含むケイ素樹脂、あるいは異なる素材と組み合わせた複合材料など多くの種類があります。

汎用樹脂の種類と性質

プラスチックを、製品を作るための素材として見た場合、汎用樹脂と工業用樹脂（エンプラ）に二大別することができます。

▶▶ 汎用樹脂の性質と用途

汎用樹脂と工業用樹脂の分類は経済、産業の面から下されたものであり、その場合の汎用樹脂の特徴は大量生産、大量消費向けに生産され、結果的に価格も安いということです。そのため、性能的に見た場合の一番の特徴は耐熱性が低いということです。使用可能温度は概ね150℃以下というところです。それ以上では製品が変形する可能性があります

身の周りにあるプラスチックのほとんどが汎用樹脂であることからもわかる通り、汎用樹脂の用途は無限にあります。硬い固形のプラスチックとしては台所の食品保存容器、バケツ、家電製品の外装、文房具などがあります。柔軟なものとしては食品を包むラップ、ビニールシート、各種チューブなどがあります。

▶▶ 汎用樹脂の種類

汎用樹脂には五大汎用樹脂という種類があります。何がこれに当てはまるのかはハッキリしませんが、ポリエチレン、ポリプロピレン、ポリスチレン、ポリ塩化ビニルの4種が入ることは間違いないようです。汎用樹脂の主なものを表にまとめました。

ポリエチレンには高密度ポリエチレンと低密度ポリエチレンがあります。高密度ポリエチレンは、分子構造に枝分かれが少ないので結晶性がよく、密度も大きくなって0.942以上です。硬くて不透明であり、耐熱性も高いです。一方、低密度ポリエチレンは枝分かれが多くて結晶性が低いので密度は0.942以下です。しかし柔軟剤を加えなくても軟らかいのでフィルムやポリ袋などに用いられます。

ポリスチレンは発泡剤で膨らませて包装の緩衝材やスーパーの刺身のトレー、あ

るいは断熱材、遮音材などに広く用いられます。最近では、彫刻の素材としても用いられます。複数の単位分子からできたAS樹脂（アクリロニトリル＋スチレン）、ABS樹脂（AS＋ブタジエン）などは硬いのに衝撃に強く、その上艶があって美しいという優れた性質があるため、家電製品や家具の外装などに用いられます。

汎用樹脂の種類と用途

	名称	単位分子	構造	用途
単一素材	高密度ポリエチレン	$H_2C=CH_2$	$\left(\begin{array}{cc}H & H \\ C & C \\ H & H\end{array}\right)_n$	容器 フィルム ポリ袋
	低密度ポリエチレン			
	ポリプロピレン	$H_2C=CH \\ \quad\quad CH_3$	$\left(\begin{array}{cc}H & H \\ C & C \\ H & CH_3\end{array}\right)_n$	容器 家電製品 自動車部材
	ポリスチレン	$H_2C=CH$	$\left(\begin{array}{cc}H & H \\ C & C \\ H & \bigcirc\end{array}\right)_n$	発泡スチロール 家電製品 断熱材
	ポリ塩化ビニル	$H_2C=CHCl$	$\left(\begin{array}{cc}H & H \\ C & C \\ H & Cl\end{array}\right)_n$	パイプ ホース 電線の被覆材
複数素材	AS樹脂	$H_2C=CH-C\equiv N$ $H_2C=CH-\bigcirc$		容器 家電製品 自動車部材
	ABS樹脂	$H_2C=CH-C\equiv N$ $H_2C=CH-CH=CH_2$ $H_2C=CH-\bigcirc$		容器 家電製品 自動車部材

高密度ポリエチレンと低密度ポリエチレンの違い

高密度ポリエチレン

低密度ポリエチレン

7-2

工業用樹脂（エンプラ）の種類と性質

　過酷な条件下で用いられる工業用であり、高性能、少量生産、高価格のプラスチックを工業用樹脂といいます。エンプラ（エンジニアリングプラスチック）ともいわれ、五大エンプラが知られています。

▶▶ ポリアミド

　単位分子がアミド結合-CO-NH-で結合した高分子であり、ナイロンが典型です。エンプラとしてはケブラーとノーメックスがよく知られています。ケブラーは分子の対称性がよいので結晶性が高く、強度は鋼鉄よりも高く、しかも軽いのでヘルメットや防弾チョッキなどに用いられます。しかし硬くてナイフやハサミでも切れないので細工しにくいというデメリットがあります。それに対してノーメックスは非対称なので結晶性が落ち、その分成形加工がし易くなります。防火性が強いので消防士の制服などに使われます。

▶▶ ポリエステル

　ペットやポリエステル繊維が有名ですが、工業的にはポリブチレンテレフタレートがよく使われます。耐熱性、絶縁性が高いので電気、電子部品や自動車部品などに多用されます。

▶▶ ポリアセタール

　原料はホルムアルデヒドです。枝分かれ構造がないので結晶性が高く、融点が高く、しかも機械的強度、耐摩耗性も高いという、最も金属に近いプラスチックです。歯車、軸受けなど、機械部品として用いられます。ただし燃え易いという欠点があります。

▶▶ ポリカーボネート

　耐熱性、耐衝撃性が高く、その上透明度が高いので自動車の窓ガラスや防犯を重視した窓ガラス、照明器具、携帯電話、テレビなど、家庭用、家電用として広く使われています。

▶▶ ポリフェニレンエーテル

　耐熱性、耐薬品性に優れていますが、成形が困難という欠点があります。そのため、先に見たポリマーアロイの技術を使ってポリスチレン系のプラスチックと混合して使うことが多いです。

エンプラの種類と性質

名称	原料	構造	性質
ポリアミド	H_2N—◯—NH_2 HO-C-◯-C-OH N_2H—◯—NH_2 HO-C-◯-C-OH	ケプラー ノーメックス	軽量 高強度 耐熱性 軽量 高強度 耐熱性 難燃性 成形容易
ポリエステル	$HO(CH_2)_4OH$ HO-C-◯-C-OH	ポリブチレンテレフタレート	熱安定性 電気的特性
ポリアセタール	$H_2C=O$	$(CH_2O)_n$ ポリオキシメチレン	高強度 耐摩耗性
ポリカーボネート	$COCl_2$（ホスゲン） CH_3 HO-◯-C-◯-OH CH_3	CH_3 $(C$-O-◯-C-◯-$O)_n$ CH_3	透明性 耐衝撃性 熱安定性
ポリフェニレンエーテル	NH_2 OH NH_2	CH_3 O CH_3	耐熱性 耐薬品性

第7章　高分子素材の種類と性質

7-3

合成繊維の性質と製法

　高分子の特徴は分子の集合状態で性質が大きく変わることです。ペットはプラスチックになればペットボトルになりますが、合成繊維になればポリエステル繊維として洋服の裏地などに使われます。

▶▶ プラスチックと繊維

　プラスチックは糸状分子の集合体であり、規則的にまとまった結晶性部分と、房状にランダムに広がったアモルファス部分があります。プラスチックと合成繊維は、化学的に見れば全く同じ素材からできています。違いは、合成繊維は全ての部分が結晶性の集合体でできているということです。

　合成繊維を作るには熱可塑性高分子を加熱して溶かした液体をプランジャーに入れ、ノズルから押し出して細い糸にします。しかしそれだけでは繊維にはなりません。この糸をドラムに巻きつけて高速で巻き取り、糸を更に細くひっぱるのです。この過程で全ての高分子鎖は一定方向に揃い、結晶状の繊維になるのです。

▶▶ 三大合成繊維

　代表的な合成繊維を表に示しました。漁網やストッキングなどに用いる丈夫なナイロン、洗ってノーアイロンで着ることのできるポリエステル、肌触りがよく、毛布やセーターなどに用いられるアクリル繊維を三大合成繊維といいます。

　なお、アクリル繊維の単位分子はアクリロニトリルであり、メタクリル酸メチルを単位分子として、透明プラスチックとして知られるアクリル樹脂とは違うものです。

合成繊維の作り方

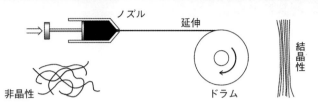

ノズル　延伸　結晶性

非晶性　ドラム

合成繊維の種類と用途

名称	原料	構造	用途
ナイロン66	$HO_2C-(CH_2)_4-CO_2H$ $H_2N-(CH_2)_6-N_2H$	$\left(\!\!\begin{array}{c} O \\ \\ C-(CH_2)_4-C-N-(CH_2)_6-N \end{array}\!\!\right)_n$	ストッキング ベルト ロープ
ポリエステル	$HO_2C-\bigcirc-CO_2H$ $HO-CH_2CH_2-OH$	$\left(\!\!\begin{array}{c} O \quad\quad O \\ C-\bigcirc-C-O-CH_2CH_2-OH \end{array}\!\!\right)_n$	ワイシャツ 混紡
アクリル	$H_2C=CH-C\equiv N$	$\left(\!\!\begin{array}{c} CH_2-CH \\ \quad\quad C\equiv N \end{array}\!\!\right)_n$	セーター 毛布

 COLUMN

偏光ガラス

　光は横波の性質を持ち、波が振動面上で振動します。普通の光はあらゆる方向の振動面を持った光の集合体です。

　高分子フィルムを一方向に引き伸ばすと、分子が一定方向に並びます。このフィルムは分子方向と一致した方向の振動面を持つ光しか通しません。この

フィルムを眼鏡のレンズに貼ると、一定方向の振動面を持った光しか通さない眼鏡ができます。このようなレンズを偏光レンズといい、眩しい光の眩しさを軽減する働きがあるので、サングラスや自動車のヘッドライトなどに用います。

▼偏光ガラスの特徴

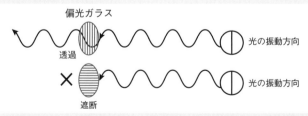

偏光ガラス

透過　光の振動方向

遮断　光の振動方向

7-4

特殊な合成繊維

　合成繊維は衣服に加工されて直接肌に触れますから、丈夫というだけでは機能不足です。心地よい風合いや見た目の美しさも必要になります。そのために色々な工夫がなされています。繊維の断面の形を工夫するのもその1つです。楕円、星形、中空など色々な工夫をしたものがあります。

▶▶ 極細繊維

　この繊維はれはそれまでの繊維の直径を一挙に何分の1にも細くした画期的な繊維です。これは繊維素材の高分子と、溶媒に可溶な高分子で、しかも互いに溶け合わないという二種の高分子素材を混ぜて繊維を作ります。すると二種類の高分子は混じり合わないまま繊維状となり、まるで可溶性高分子の地の中に何本もの不性溶高分子の繊維が混じった様な、いわば金太郎飴のような繊維ができます。その後、全体の繊維を溶媒に漬ければ溶媒に可溶な地の部分は溶け去り、溶けない部分だけが細い繊維として残るというわけです。

　このようにしてできた極細繊維は布に織ったり、スエード状に固めて人工皮革にして用いられます。

▶▶ 形状記憶繊維

　天然の植物繊維で織った生地は、風合いはよいのですが洗濯すると縮んだりしわになったりします。これを防ぐのが防しわ加工などと呼ばれる操作ですが、繊維にしわになる前の形状を記憶させるという意味で形状記憶繊維と呼ばれることもあります。

　衣服が洗濯によってしわになったり縮んだりするのは、繊維の非晶質部分の構造が不規則で分子間に隙間が空いているため洗濯によってこの部分の体積が変化することによって生じるものです。

　形状記憶繊維はこの非晶質部分に架橋鎖を作ることによって剛性の高い状態にし

て体積変化を防ごうというものです。

　具体的には繊維にホルムアルデヒドなどを反応させます。すると先にフェノール樹脂の項で見たのと同じような反応が起こり、高分子鎖と高分子鎖の間にCH₂による架橋構造ができ、形状が変化するのを防いでくれます。

極細繊維の作り方

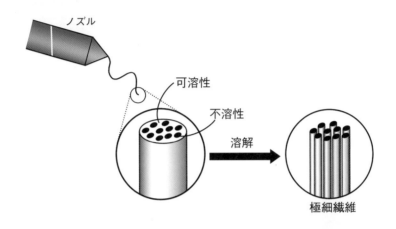

形状記憶繊維の特徴

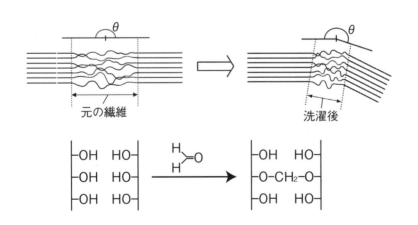

7-5

ゴムの種類と性質

　人類がゴムを知ったのは天然ゴムを通じての話です。天然ゴムというのはゴムの木の幹に傷を付けると浸み出す樹液を濃縮した粘稠な物質です。この物質は軟らかくて変形性に富み、伸ばすとどこまでも伸び、やがてぷつんと切れてしまいます。まるでチューインガムです。

　この天然ゴムが、伸び縮みするようになったのはイオウを加えたことによるものであることは第5章で見た通りです。

▶▶ 天然ゴム

　天然ゴムの分子構造は簡単です。単位分子はイソプレンという炭素5個からなるものであり、二重結合を2個持っています。これが重合すると天然ゴムの構造になります。これをイソプレンゴムともいいます。

　イソプレンゴムを化学的に作るのは簡単な話です。イソプレンを合成してそれを重合させればよいだけの話です。基本的にはポリエチレンを作るのと同じことです。ということで、天然ゴムと全く同じ合成ゴムができています。これを合成ゴムといいます。ただし化学的には天然ゴムと同じなので特に合成天然ゴムということがあります。

▶▶ 合成ゴム

　合成ゴムとしてよく知られているのはEPやNBRと呼ばれるものです。これらは表に見るようなそれぞれ2種類の単位分子を共重合させたものです。ただし、できた高分子鎖は天然ゴムと同じように有限の長さですから、ひっぱり続ければ切れてしまいます。そのため、加硫して架橋構造を作って用いることになります。

　架橋操作を施したゴムは熱硬化性高分子と同じことで、加熱しても軟化せず、成形が困難です。そこで加硫したゴムと同じ弾性を持ち、しかも加熱すると軟らかくなるという画期的なゴムが開発されました。それが熱可塑性エラストマーと呼ばれ

るものです。SBRがよく知られています。

　これはブタジエンとスチレンの共重合体です。ブタジエンの重合体部分はブタジエンゴムと同じ性質を持ちます。しかしポリスチレン部分はベンゼン環同士による分子間力が強く、結晶性となります。つまりこの部分が架橋構造の役目をするのです。このため、ひっぱってもこの部分が離れないので高分子全体として伸び縮みしてゴムと同じ弾性を発現します。しかし暖めると分子運動が激しくなってスチレン部分の結晶性が失われるので可塑性が出るというわけです。

天然ゴムと合成ゴム

名称	原料	構造	用途
合成 天然ゴム	CH_3 $CH_2=C-CH=CH_2$ イソプレン	∿∿∿	天然ゴムと同じ 分子構造
Bunaゴム	$H_2C=CH-CH=CH_2$ ブタジエン	$(CH_2-CH=CH-CH_2)$	高反発弾性 スーパーボール
EP	$H_2C=CHCH_3$ プロピレン $H_2C=CH_2$ エチレン	∿∿∿	ランダムなメチル基が結晶化を乱す 耐劣化性
NBR	$H_2C=CH-CH=CH_2$ $H_2C=CH$ CN アクリロニトリル	$(H_2C-CH=CH_2-CH_2-CH)_n$ CN	耐油性
SBR 熱可塑性 エラストマー	$H_2C=CH-CH=CH_2$ $H_2C=CH$ スチレン	$(H_2C-CH=CH_2-CH_2-CH)_n$	スチレン25% タイヤ用 スチレンユニットが加硫の役割

NBRの性質

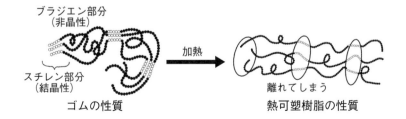

ブラジエン部分
（非晶性）

加熱

スチレン部分
（結晶性）

離れてしまう

ゴムの性質　　　　　　　熱可塑樹脂の性質

炭素繊維の種類と性質

　2011年に次世代旅客機として華々しくデビューしたボーイング787は機体重量の約50%をカーボンファイバーが占めていました。カーボンファイバーは複合材料の一種であり、炭素繊維を熱硬化性樹脂で固めたものです。カーボンファイバーの比重は鉄の1/4に過ぎませんが、強度は鉄の10倍もあり、その上伝導性もあります。

▶▶ パン系とピッチ系

　普通の高分子は炭素を主成分とし、その他に水素、酸素などの原子からできています。しかし炭素繊維はその名前の通り、炭素だけでできています。そのため、無機高分子と分類することもあります。炭素繊維にはその原料や作り方によってパン系とピッチ系がありますが、何れも日本で開発されたものです。

　パン系炭素繊維は図のようにして作ります。ポリアクリロニトリル1を加熱すると閉環して2となります。2を更に加熱すると二重結合が入って3となります。そして更に加熱すると窒素Nが抜けて炭素繊維4となるのです。4は炭素だけからできた化合物で、層状構造ですからグラファイト（黒鉛）の一層、グラフェンと見ることもできます。

　ピッチ系炭素繊維はその名の通り、石油精製あるいは石炭乾留の際に出る副産物である「ピッチ」から製造されます。そのためか、PAN系炭素繊維に対してピッチ系炭素繊維の構造は必ずしも明確でないところがあります。

　現在市販されている炭素繊維の90%ほどはPAN系炭素繊維ですが、これは性能とコスト、使い易さなどのバランスがパン系炭素繊維が優れているためといわれます。

▶▶ 炭素繊維の特徴

　実際に炭素繊維を使うときには、炭素繊維の糸を織って布状にし、それを何枚も

重ねて熱硬化性高分子の原料液に漬け、加熱して硬化させます。グラスウールと同じ複合材料です。

　炭素繊維の特徴は簡単にいえば「軽くて強い」ということです。鉄と比較すると比重で1/4、比強度で10倍、比弾性率が7倍もあります。その他にも、耐摩耗性、耐熱性、熱伸縮性、耐酸性、電気伝導性に優れる、などの特徴があります。そのため、戦闘機を始め航空機の機体製造に欠かせないものとなっています。

　しかし炭素繊維にも短所はあります。それは価格が高い、加工が困難、リサイクルが困難、などです。加工が困難なことの主な原因は、炭素繊維の性質が異方性を持ち、積層の方向によって物性に大きな差が出ることです。そのため、加工には特殊なノーハウが必要といわれています。

炭素繊維の特徴

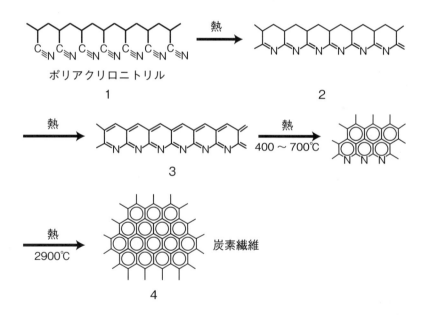

7-7

炭素やホウ素を含んだ高分子

炭素だけからできた高分子には、天然物のカーボンナノチューブもあります。また、ホウ素Bを含んだ高分子もあります。

▶▶ カーボンナノチューブ

カーボンナノチューブの構造は図のようなものです。すなわち、PAN系炭素繊維の一層が丸まって円筒状になったものです。カーボンナノチューブは膜が丸まってチューブ状になっただけでなく、膜の合わせ目は融合して完全な円筒状になっており。またチューブの両端は多くの場合閉じています。

カーボンナノチューブには太い円筒の中に細い円筒が閉じ込められた入れ子式の構造も存在し、複雑なものでは7重ほどの入れ子構造のものも知られています。直径は0.5～50nm、長さは現在のところ最大2cmほどですがそれでも直径の90万倍という長さです。

カーボンナノチューブはアルミニウムの半分の比重で鋼鉄の20倍の強さという軽くて強いという素材としての優れた性質を持つため、将来実現すると期待される宇宙エレベーターのケーブル用素材として注目されています。また、中空の構造を利用して中に薬剤を詰めて患部に直接薬剤を送るDDS（Drug Dlivery System）としての利用も考えられています。一方、半導体の性質もあるため、電子素材への応用も期待されるなど、その利用範囲は広いものがあります。

その一方、構造が細くて鋭い針のようなものなので、吸入するとアスベストと同様に中皮腫になる恐れがあり、注意が促されています。

▶▶ ホウ素高分子

主鎖にホウ素原子Bが入った高分子も知られています。

有機ホウ素ポリマー：有機ホウ素ポリマーは、有機系高分子の主鎖の一部にホウ素原子が入ったものです。ホウ素原子の高い反応性により、様々な置換基、機能団をポ

リマー主鎖に導入することができます。このため、従来の手法では得ることが困難
な種々の有機系高分子材料の合成が可能となりました。

ポリボラジレン：これはホウ素Bと窒素Nからできた6員環芳香族化合物、ボラジ
ンが連結した高分子です。ボラジンは炭素を含まずに芳香族性を獲得した無機化合
物として脚光を浴びた化合物であり、その高分子体は有機系芳香族高分子と比較し
てあらゆる意味で注目を集める高分子です。今後の研究が待たれます。

カーボンナノチューブ

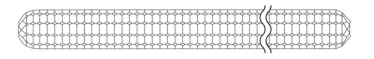

有機ホウ素ポリマー

ポリボラジレンの構造

ボラジン

ケイ素高分子の種類と性質

高分子には有機物以外のものもあります。前項で見た炭素繊維も有機物とはいえません。有機物以外の繊維としてよく知られているのがケイ素Siを用いたケイ素樹脂です。ケイ素Siを含んだ高分子には何種類かあります。

▶▶ ポリシラン

主鎖がケイ素原子だけからできた高分子です。高い耐熱性を持つなど、材料としても優れていますが、高い屈折率と発光性を持つなど、光学的に特殊な性質を持ちます。ポリシランを蒸し焼きにすると水素が脱離し、炭化ケイ素SiCからできた繊維、すなわちセラミックス繊維になります。これは高い耐熱性と大きい機械的強度を持ち、スペースシャトルにも使われています。

▶▶ ポリシロキサン

ケイ素原子と酸素原子が交互に並んだ結合、つまり-Si-O-Si-O-…結合をシロキサン結合、あるいはシロキサン骨格といい、このような結合でできた高分子をポリシロキサン、シリコーン、あるいはシリコンといいます。一般にケイ素樹脂という場合は、このポリシロキサンを指すことが多い状態です。

ポリシロキサンは柔軟で弾力性に富み、耐熱性、耐薬品性、耐摩耗性が強く、耐熱性は400℃を超えるものもあります。その上、絶縁性が高いという優れた性質をもち、電気関係の被覆材にも用いられます。ただし、金属酸化物（塩基）の性質をもつため強酸に対しては弱く、変質（白化、脆化）させられることがあります。

Si-O単位が2千個以下のものは液体であり、シリコンオイルと呼ばれて熱媒体として利用されます。また摩擦係数が低いので潤滑剤としても用いられます。Si-O単位が5千～1万個程度のものはゴムの性質をもつので、加硫してシリコンゴムとして薬品瓶の栓、医療用手袋などに使われる他、歯科医療の型取り剤、あるいは通気性を利用して人工心肺装置の膜としても利用されます。

　親水性ゲルにシリコーンを配合したシリコーンハイドロゲルは、酸素透過型コンタクトレンズや、形成外科・美容整形手術（豊胸術）の充填剤などにも用いられています。

▶▶ ポリカルボシラン

　主鎖が-Si-C-とケイ素原子と炭素原子が1個置きに並んだ高分子です。現在のところ高分子そのものとしての用途より、炭化ケイ素（SiC）膜の前駆体として利用されています。つまり、SiC膜をコーティングしたいものの上にこの高分子を塗り、その後数百℃で加熱することによりSiCに変化させるのです。炭化ケイ素はカーボランダムとも呼ばれ、硬度、耐熱性に優れ、半導体の性質も持つため、電子素子の素材として利用されます。

▶▶ ポリシラザン

　主鎖が-Si-N-とケイ素と窒素Nが交互に並んだ高分子です。大気中で焼結するとシリカSiO_2に変化するのでシリカコーティング剤として利用されます。

ケイ素高分子の種類と特徴

ポリシラン

ポリシロキサン
（シリコーン、シリコン樹脂）

ポリカルボシラン

ポリシラザン

複合材料の種類と性質

高分子は優れた素材ですが、他の素材と混ぜると更に高性能の材料となります。そのようにしてできた材料を複合材料といいます。

▶▶ 複合材料の種類

複合材料の原料と製品はたくさんあります。鉄筋コンクリートはその典型です。鉄の伸びに対する強さと、コンクリートの圧縮に対する強さが相乗して素晴らしい建築材料となっています。

複合材料というのは、全く異なる素材を組み合わせた材料のことをいいます。ラミネートフィルムはその一例です。酸素は通すが水蒸気は通さない。水蒸気は通すが酸素は通さないというフィルムを貼り合わせれば、酸素も水蒸気も通さないフィルムができます。

グラスファイバーもよい例です。これはガラスを細く延伸して繊維状にしたガラス繊維を織物状にし、熱硬化性高分子の原料に浸潤した状態で加熱して高分子化したものです。　一般に、ガラス繊維を繊維、それを固める媒体をマトリックスといいます。繊維にはガラス、金属細線、カーボン繊維など多くの種類があります。マトリックスは、多くは熱硬化性樹脂のフェノール樹脂などですが、ナイロン、ポリフェニレンなどの熱可塑性樹脂も使われるようになっています。

▶▶ 複合材料の性質

複合材料の強度は、繊維になる高分子、マトリックスになる高分子、何れより優れていることが知られています。表は、熱硬化性樹脂の一種であるエポキシ樹脂をマトリックスとした場合の、各種複合材料のひっぱり強度の比較を示したものです。強度で表される能力は繊維部分とマトリックス部分の性質が異なるものがよりよい結果を与えるようです。

すなわち、ガラス繊維では高分子で補強することによって1.4倍もの強度になり、

アルミニウム繊維では27倍近くになっています。これは高分子はそれ自体でも優れた性質を持っているが、他の異質の素材と組み合わせると更に優れた性能を引き出す能力を持つということを示すものです。

複合材料の種類

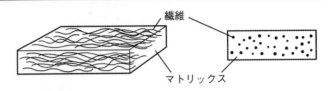

繊維分	ガラス繊維、ボロン繊維、アラミド繊維、金属繊維、カーボン繊維、高強度ポリエチレン
マトリックス分	エポキシ樹脂、フェノール樹脂、ナイロン、ポリフェニレンスフィド、ポリエーテルスルホンポリイミド

複合材料の性質

		ガラス繊維	炭素繊維	アラミド繊維	高強度ポリエチレン	Al_2O_3繊維
ひっぱり強度GPa	単体	2.7	3.5	3.6	2.5	2.5
	複合材料	39	49	29	7.9	67

※マトリックス：エポキシ樹脂

プラスチックフィルムのバリア特性

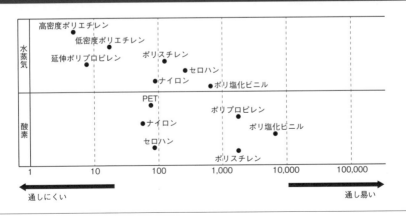

医療用高分子の種類と性質

　医療用器具、あるいは生体の置換品として高分子材料は欠かせないものになっています。生体の置換品としても代用血管、人工骨などのように生体内部に使われる材料と、義歯、義眼のように生体外部で使われる材料とでは、材料として要求される条件が異なります。

▶▶ 生体適合性

　生体中で使用される材料にとって最も重要な性質は「生体適合性」です。生体適合性は「生体組織に有害な作用を及ぼさない」といい換えることもできます。生物は様々な異物に対応するための自己防衛システム・免疫システムを持っています。もし埋め込まれた生体材料が異物と認識されると、炎症などの防御反応を引き起こし、周辺組織にダメージを与えてしまいます。

　このため生体材料としては、

・化学的に不活性

・毒性がない

・生体内での分解・劣化が少ない

・溶出するものが少ない

・吸着性が低い（余計なものを沈着させない）

・ほどよい柔軟性

・抗原性がない

といった特徴が必要とされます。

　また、感染症予防のための殺菌の必要性から、薬液や加熱処理への耐性も必要となります。

▶▶ 医療用に使われる高分子

　最近では感染予防の観点から多くの医療器具が使い捨てとなりました。手袋、マ

スク、衣服、あるいは注射器などもそうです。このようなことは大量生産できて安価なプラスチック製品なくしては考えられないことです。

　大量生産・大量使用で使い捨てということはそれだけプラスチックが増え、環境に負担をかけることになりますが、医療に関しては仕方のない面もあります。高温での焼却などで対処せざるを得ないでしょう。

　現在最も多く使われている医用高分子は軟質ポリ塩化ビニルであり、血液バック、体外循環用血液回路など、主に生体外で一時的治療の目的に使われます。

　一方、長期間の体内埋め込み用としては、ポリメタクリル酸メチル（コンタクトレンズ、歯科用樹脂など）、ケイ素樹脂であるポリジメチルシロキサン（人工乳房、人工指関節、人工弁など）、フッ素樹脂であるポリテトラフルオロエチレン（テフロン）（人工血管、人工靭帯など）があげられます。

医療用に用いられる主な生体材料

用途	素材
ディスポーザル カテーテル類	ポリ塩化ビニル、シリコーンゴム、天然ゴム、ポリウレタン、ポリエチレンなど
人工血管	PET、PTFE（テフロン）
非吸収性縫合糸	ナイロン（炎症を起こすとの報告あり）、PET、ポリプロピレン、ポリエステル、絹（非推奨）など
吸収性縫合糸 （P.217参照）	ポリグリコール酸、ポリ（乳酸＋グリコール酸）、ポリジオキサノン、トリメチレンカーボネイトなど
人工肺膜 （膜型人工肺用ガス交換膜）	ポリプロピレン（多孔質膜、多孔質中空糸）、シリコーンゴムなど
透析膜	セルロース、酢酸セルロース、ポリアクリロニトリル（PAN）、ポリメチルメタクリレート（PMMA、アクリル樹脂の一種）など
眼内レンズ	PMMAなど

第7章　高分子素材の種類と性質

化粧用高分子の種類と性質

化粧品の分野でも高分子は活躍しています。特に軟らかいポリマーの活躍が目立ちます。

▶▶ 皮膚に直接塗る化粧品

皮膚からは、水と脂肪が混ざった成分である皮脂が出てきます。そのため、化粧品が皮膚に馴染み、機能を発揮するためには、"水に溶け、油にも溶ける"性質が必要です。更には長時間塗っていても、肌にダメージを与えない、皮脂や汗で崩れないなどの性質も合わせて必要となります。

化粧品の中に含まれる成分は表のようなものになります。

一般的なプラスチックは水に溶けないものが多く、そのようなものは化粧品の中でも形を維持するための「皮膜形成剤」として利用されることが多くなります。これはヘアスタイリング剤にも含まれています。

ウォータープルーフのファンデーション、日焼け止め、落ちない口紅など化粧崩れを抑える製品がありますが、これにも「皮膜形成剤」が活躍しています。

また、マスカラなどのように形を維持することが目的のものには、水にも油にも溶けなく、かつ軟らかいケイ素樹脂系のポリマーが皮膜形成剤として用いられます。

▶▶ 透明で形が維持できる高分子

高分子の中にも水に溶ける性質のものがあります。水溶性高分子の代表格であるポリエチレングリコール（PEG）は、角質の水分量を保つための保湿成分（水に溶ける性質、水を吸収する性質が必要）として利用されています。

水溶性高分子は水に溶け、油にも溶けますから、長時間皮膚に塗っていると、汗や皮脂の分泌により、化粧がはげたり、ムラができたり、テカったりというような化粧崩れが起きます。

化粧品の成分表示にはPEG-20など、PEG-〇〇という形で含まれます。水にも

油にも溶けにくいシリコン油を、水に溶け易いPEGなどの他の成分とうまく乳化させて化粧品として使うためには、水にも油にも馴染む性質を含む界面活性剤が必要となります。また、長時間放置しても水溶性成分と油性成分に分離しないようにするためには乳化剤が必要です。そのためには、含まれるものと同じ成分であるPEGとジメチコンが結合したPEG-10ジメチコンなどが用いられます。

化粧用高分子の種類と性質

	役割	含まれる主なポリマー
水溶性保湿成分	皮膚の表面にある角質層の水分を保持する（アミノ酸、糖類、多価アルコール類など）	PEG（ポリエチレングリコール）、ポリクオタニウム（カチオン化ヒドロキシエチルセルロース）など
油性成分（エモリエント成分）	角質層の水分を蒸発させない（動物・植物由来オイル、石油精製オイルなど）	ジメチコン（ジメチルポリシロキサン）、水添ポリイソブテン（流動パラフィン：ウォータープルーフの日焼け止めなどにシリコーンを溶かすために入っているもの）など
界面活性剤	水と油を混合させたり（乳化成分）、皮膚上の汚れを落とす（洗浄成分）	界面活性剤のポリマーは主に乳化剤として利用、PEG-ジメチコン類（PEG-10ジメチコン、ジメチコン（PEG-10/15）クロスポリマーなど）※洗浄成分はラウリル硫酸Naなど、アニオン性のものが利用される。カチオン性は主に帯電防止剤、殺菌剤として利用される）
被膜形成成分	化粧膜などをコートし、形状を維持する	アクリル酸アルキルコポリマー、（スチレン/アクリル酸アルキル）コポリマー、（ジメチコン/メチコン）コポリマーなど
その他	（美白、肌荒れ改善、紫外線防御などの）効能効果成分、（ゲル化、乳化などの）安定化成分、防腐剤、殺菌剤、可塑剤、着色成分など	ヒドロキシエチルセルロース（水溶性増粘剤）、ポリクオタニウム（泡立ち改善、感触調整、帯電防止など）、（エチレン/プロピレン）コポリマー（油性の増粘剤）

第7章 高分子素材の種類と性質

MEMO

第**8**章

機能性高分子の種類と性質

高分子はポリエチレンなどのように容器に使われるものだけではありません。現在では、おむつのように大量の水を吸収できる、電気を流すことができる、海水を真水に換えることができるなど、特殊な機能を持った機能性高分子が多数開発されています。

8-1

高吸水性高分子

　普通の高分子は素材として何かの器物の一部に変形するだけです。固有の特色は機械的強度や耐熱性などであり、高分子単体で特別の働きすることはありません。しかし、中には特別の機能を持った高分子もあります。このような高分子を機能性高分子といいます。高吸水性高分子は、大量の水を吸収し、それを保持するという機能があります。

▶▶ 高吸水性高分子の構造

　天然高分子（セルロース）である紙や布も水を吸います。しかしそれは毛細管現象によるものであり、吸水の原動力はセルロースと水分子の間の分子間力（水素結合）によるものであり、その量はせいぜい自重の数倍程度です。ところが高吸水性高分子は自重の1000倍程度の重さの水を吸収保持することができます。

　高吸水性高分子は三次元の網目構造をしています。このプラスチックが水を吸うと、水分子は網目構造の中に入り、網目で保持されて流れ出にくくなります。これがこのプラスチックが水を保持する原動力です。

　しかし、このプラスチックの凄さはそれだけではありません。これは主鎖に多くのカルボキシル基のナトリウム塩、-COONa原子団を持っています。吸収した水によって-COONa原子団が分解して-COO⁻イオンとNa⁺イオンになります。すると主鎖に付いた-COO⁻イオングループが互いに静電反発を起こし、その結果網目構造が膨らみ、更に多くの水分を吸収することができるようになるのです。

▶▶ 砂漠を緑に

　高吸水性高分子は紙オムツや生理用品として広く使われていますがそれだけではありません。砂漠の緑化にも役立っています。すなわち砂漠にこのプラスチックを埋め、吸水させてからその上に植物を植えます。するとこのプラスチックが水を保持してくれるので、給水間隔を長く取ることができ、植樹した植物の維持管理が容

易になります。また、時折降るスコールの雨水を保持してくれるので、植物は雨水を長期間に渡って利用することができるというわけです。

　最近は酸性雨や人口増加による森林伐採などで地球上の緑が減り、砂漠化の進行が問題になっています。プラスチックは分解しにくいので環境を汚すものといわれますが、これはプラスチックが環境改善に貢献することができることの証明の１つです。

高吸水性高分子の構造

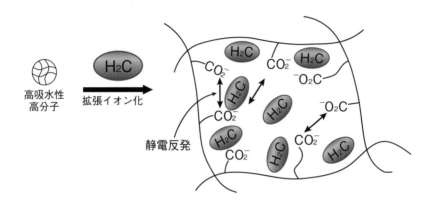

高吸水性高分子の環境改善活用

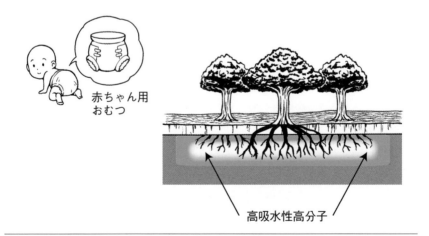

第8章　機能性高分子の種類と性質

8-2

水溶性高分子

有機物であり、その上大きな分子量を持つ大きな分子である高分子は水に溶けないのが普通です。しかし親水性の置換基をたくさん導入すると水溶性になります。このような高分子を水溶性高分子といい、化粧品の分野などで利用されています。

▶▶ 水溶性高分子の例

人類が水溶性の天然高分子を利用した歴史は古く、ニカワやゼラチンなどの動物性タンパク質や大豆のゴジル、ジャムのペクチン質、アルギン酸、フノリなど植物性タンパク質は現在も接着剤、塗料、インク、紙加工、繊維処理剤などとして工業的に利用されています。

従来、天然高分子が主に使用されてきましたが、供給性、品質安定性、微生物汚染などの観点から、最近では半合成高分子や合成高分子が用いられ、その中でも合成高分子の占める割合が大きくなってきています。

合成水溶性高分子の例としては図に示したものがよく知られています。何れもポリエチレン誘導体であり置換基として水溶性のヒドロキシ基、カルボキシル基などを持っています。

▶▶ 機能

水溶性高分子は分子量が大きく、水に溶ける性質を持つ分子であり、水に溶解すると分子の周りに多くの水を包含したヒドロゲルを形成するため、水溶液の粘度を著しく増大させる効果を持ちます。

増粘・ゲル化

溶液系製品の粘度調整に用いられます。乳液やリキッドファンデーションなどの基剤の粘度を増し、乳化粒子や粉末の分離を防止する作用がある上、夏も冬も使用感を同じレベルに保つ働きもあります。

乳化・分散安定化

スキンケアやメークアップなどに使用される基剤は粘度が低いため、溶液中に存在する乳化粒子や顔料の分散粒子が分離し易い傾向があります。水溶性高分子には、これらの乳化粒子、顔料分散粒子間を繋いで系の安定化をはかります。

乳化系では油水界面に吸着し、油滴の融合を防ぐ吸着層を形成して油滴を保護し、乳化系を安定させます。また分散系では、顔料などのコロイド粒子の表面に吸着して粒子を包み込むことにより分散力を示すことが知られています。

泡安定化

シャンプーなどの洗浄剤は、使用中にシャンプーが顔面に垂れ落ちないように、安定でち密な泡立ちが必要となります。水溶性高分子はこのような泡安定化効果を示すことが知られています。

水溶性高分子の例

ポリビニルアルコール $\left(CH_2-CH\right)_n$
OH……ヒドロキシ基

ポリビニルピロリドン $\left(CH_2-CH\right)_n$
N
$=O$……アクリドン基

ポリアクリル酸 $\left(CH_2-CH\right)_n$
$O=C-OH$……カルボキシル基

カルボキシビニルポリマー：ポリアクリル酸の等価体
（カルボマー）

イオン交換高分子

　ある陽イオンA^+を他の陽イオンB^+に、変化（交換）する高分子を陽イオン交換高分子といいます。同様に陰イオンC^-を他の陰イオンD^-に交換する高分子を陰イオン交換高分子といいます。

▶▶ イオン交換高分子の実際

　陽イオン交換高分子は任意の陽イオン、例えばナトリウムイオンNa^+を他の陽イオン、希望するなら水素陽イオンH^+に変化させます。

　これはしかし原子Naを他の原子Hに変化させているわけではありません。化学反応に元素を他の元素に変換するようなことはできません。陽イオン交換高分子は自分の中にあらかじめH^+を用意しているのです。そして、近付いてきたNa^+を捕まえ、代わりにH^+を放出します。すると溶液中のNa^+はなくなり、代わりにH^+が現れます。つまりNa^+をH^+に交代（交換）させているだけなのです。

　陰イオン交換高分子も同じことです。あらかじめ陰イオンである水酸化物イオンOH^-を用意しておき、近付いた塩化物イオンCl^-を捕まえて代わりにOH^-を出します。その結果、溶液中からはCl^-が姿を消し、代わりにOH^-が現れます。

▶▶ イオン交換高分子の用途

　図のような容器に陽イオンをH^+に換える陽イオン交換高分子と、同じく陰イオンをOH^-に換える陰イオン交換高分子を用意しておきます。この容器にNa^+とCl^-を含む水、つまり塩水、海水を注いだらどうなるでしょう？

　水中のNa^+は陽イオン交換高分子によってH^+に交換され、Cl^-は陰イオン交換高分子によってOH^-に交換されます。これはNa^+Cl^-、つまり塩化ナトリウム、食塩NaClが、H^+OH^-つまり水H_2Oに交換されたということを意味します。要するに塩水が真水に変化したのです。

　この操作に格別の動力や機械操作は必要ありません。二種類のイオン交換高分子

の入ったカラムの上部に海水を入れれば、下から真水が流れ出てきます。救命ボートに用意されていたらどれほど心強いことでしょう。

　しかし、この装置も真水に換えることのできる量は限られています。各高分子が用意したイオン、H⁺、OH⁻を使い果たしたらそれで終わりです。しかしまたこれでイオン交換高分子の寿命が尽きたわけでもありません。陰イオン交換樹脂にHCl水溶液、陽イオン交換樹脂にNaOH水溶液を流せば各高分子はまた元の状態に復帰し、繰り返し使用することができます。

イオン交換高分子の実際

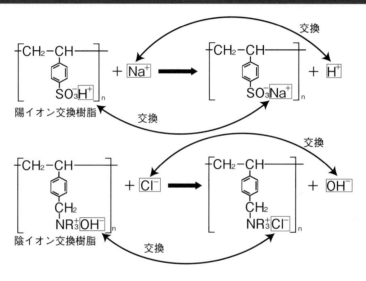

イオン交換高分子の用途

海水

陽イオン交換樹脂
陰イオン交換樹脂

淡水

第8章　機能性高分子の種類と性質

キレート高分子

陽イオン交換高分子は溶液中の金属イオン（前例ではNa^+）を捕まえました。このように金属イオンを捕まえて溶液中から回収する高分子にキレート高分子があります。これを利用したら海水中に溶けている金やウランなどの金属を回収することも夢ではありません。

▶▶ キレート作用

キレート作用とは、特異的なイオン性置換基を有する分子が、水溶液中の金属イオンと強固に結合する現象をいいます。金属と結合する置換基を配位子といい、2つの配位子が金属イオンと結合する様子が、まるでカニがハサミで何かをつかむ様子に似ていることから、カニのハサミを意味するラテン語 "Chela" を語源として名付けられました。

このようにキレート状に金属イオンをつかむことのできる置換基（配位子）を持つ高分子をキレート高分子といいます。またキレート作用を持つイオン交換基を、母材となる多孔性高分子（直径約0.3〜1.4mmの粒径を持つ、ほぼ球状の粒子（ビーズ））に固定したものを、一般的に「キレート樹脂」といいます。

キレート樹脂の最大の特徴は、特定の金属イオンと強く結合して化合物を形成することです。配位子が金属イオンを捕まえる力は溶液のpHによって変化します。また一度捕まえた金属は、水溶液の液性に変化がなければ、離すことはありません。

配位子の種類を変えたり、溶液のpHを変化させることによって、数種類の金属イオンが溶解した溶液から特定の金属イオンだけを選択的に捕まえることもできます。

また、数ppm程度の微量金属イオンが溶けている飽和食塩水のように非常に濃度差の大きい条件であっても、キレート樹脂は食塩の妨害を受けずに目的の微量金属イオンを安定的に捕まえることができます。

▶▶ キレート高分子の用途

　捕まえた金属イオンは陽イオンの交換高分子の場合と同様に、高分子に塩酸HClや硫酸H_2SO_4などの酸溶液を通すことで、金属イオンを溶離させることができます。

　選択性の高い特定の金属イオンと結合し、一度結合したらなかなか放出しない特性と、更に再生できる特徴を活かして、キレート樹脂はあらゆる分野に応用されています。

　廃水から水銀のような有害金属だけを除去して無害化できるので、排水処理プロセスの最後の工程にキレート樹脂を使って廃水を浄化することができます。また、廃棄物を処理した後の廃水に含まれる価値の高い貴金属やレアメタルだけをキレート樹脂で捕集して有用な金属資源を再利用することにも役立っています。

キレート作用

O=C-O⁻　　　　O⁻　　　　Ⓜ⁺　　　　O=C-O⁻ Ⓜ⁺　　O⁻
　　　　　　　C=O　　→　　　　　　　　　　　C=O
　　　　　　　　　　　←
　　　　　　　　　　　酸

配位子　　　　　　　　　　　　　　　キレート

キレート高分子の用途

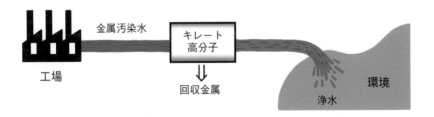

工場　　金属汚染水　　[キレート高分子]　　　環境
　　　　　　　　　　　⇓　　　　　　　浄水
　　　　　　　　　　回収金属

8-5

伝導性高分子

昔、有機物は電気を通さない絶縁体と考えられていました。しかし現在では伝導性の有機物が何種類も開発され、超伝導性を持つものまで実現しています。

▶▶ ポリアセチレン

ポリアセチレンは、三重結合を持つ化合物であるアセチレンを高分子化したものです。ポリセチレンが伝導性を持つことを発見した白川博士がノーベル化学賞を受賞したのは2000年のことでした。

ポリアセチレン分子には、分子の端から端まで一重結合と二重結合が1つ置きに連続した結合があります。このような結合は一般に共役二重結合といわれ、この結合を作る電子は自由度が高くて結合内を自由に動くことができます。つまりポリアセチレンの結合電子は、分子の端から端まで移動することができるのです。これは金属の自由電子と同じです。

そのため、ポリアセチレンは金属と同じように伝導性を持つのではないかと期待されていました。ところが実際にポリアセチレンを合成したところ、電気を流さない絶縁体であることがわかりました。

▶▶ ドーピング

このようなポリアセチレンが電気を流すようになったのは、白川博士が少量のヨウ素分子I_2を加えることを思い付いたせいでした。このように添加物として加える物質を一般にドーパント、ドーパントを加える操作をドーピングといいます。ポリアセチレンはヨウ素ドーピングによって伝導性が現れたのです。実はそれどころではなく、ポリアセチレンは金属並みの伝導性を示す物質にまさしく豹変したのでした。

調べたところ、ポリアセチレンが絶縁性だったのは、共役二重結合内に電子が多すぎたせいだったことがわかりました。高速道路でも自動車が多すぎると渋滞が起こるのと似た原理です。

　渋滞を解消するには自動車を減らせばよいのです。この役をしたのがヨウ素でした。ヨウ素は電子を奪ってヨウ化物イオンI⁻になる性質があります。そのため、ポリアセチレンの共役二重結合中の電子がヨウ素に吸い取られて少なくなったせいで電子が移動できるようになったのです。

　この原理がわかってからは多くの種類の伝導性高分子が開発されました。伝導性高分子はATMや有機ELの柔軟性電極などになくてはならないものになっています。

ポリアセチレンの化学式

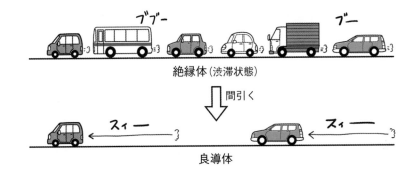

$$H-C\equiv C-H \longrightarrow (CH=CH-CH=CH)_n$$

アセチレン　　　　　　　　　ポリアセチレン

ドーピングの仕組み

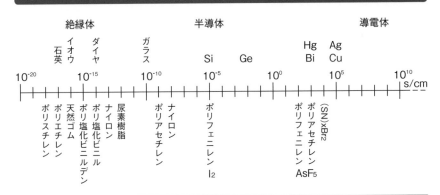

絶縁体（渋滞状態）

間引く

良導体

伝導性高分子の種類

	絶縁体				半導体			導電体		
	石英	イオウ	ダイヤ	ガラス	Si	Ge		Hg Bi	Ag Cu	
10^{-20}		10^{-15}		10^{-10}	10^{-5}		10^{0}	10^{5}		10^{10} s/cm
ポリスチレン	ポリエチレン	天然ゴム	ポリ塩化ビニリデン	ポリ塩化ビニル	ナイロン	尿素樹脂	ナイロン ポリアセチレン	ポリフェニレン I_2	ポリフェニレン ポリアセチレン AsF₅	(SN)ₓBr₂

光で発電する高分子（太陽電池）

　高分子は電気の良導体になるだけではありません。半導体にもなります。半導体は現代科学のあらゆる分野で使われていますが、太陽電池もその1つです。

▶▶ 太陽電池の発電原理

　普通の太陽電池はシリコン（ケイ素）半導体で作られています。ケイ素に少量の不純物を混ぜると電子過剰のn型半導体と、電子不足のp型半導体ができます。

　太陽電池は、金属電極の上にp型半導体、極薄のn型半導体、透明電極を重ねただけのものです。太陽光は透明電極と極薄n型半導体を通って、両半導体の接点であるpn接合面に達します。

　するとpn接合面の電子が光エネルギーを貰ってn型半導体に飛び出します。電子はそのまま透明電極から外部回路を通って金属電極に達し、p型半導体を通って元に戻ります。外部回路に電球が繋がっていればそこでエネルギーを渡して電気を灯します。

▶▶ 有機太陽電池

　これだけ簡単に電気を発生してくれる優れた装置ですから、太陽電池はシリコンでオシマイ、といきそうなものですが、そうもいかない事情があります。

　問題点はシリコンの価格が高いということです。シリコンは、地殻中では酸素に次いで2番目に埋蔵量の多い元素であり、資源の枯渇という問題はありません。問題は太陽電池が要求するシリコンの純度です。セブンナイン、すなわち99.99999%の純度なのです。そのため、シリコンが高くなり、必然的に太陽電池が高価になるのです。

　ということで、注目されているのが有機太陽電池です。有機太陽電池の主体は有機物です。有機物を作るのは、既存の化学工場で十分です。特別の高度設備はいりません。更に有機太陽電池には他の無機太陽電池にはない長所があります。それは

軽くて薄くて柔軟ということです。プラスチックフィルムのような太陽電池も夢ではありません。

　有機太陽電池には二種類ありますが高分子を用いるのは有機薄膜太陽電池です。これは非常に単純な構造です。すなわち、金属電極にp型半導体の有機物と、n型半導体の有機物を塗り重ね、その上に透明電極を乗せれば完成です。そしてこのp型半導体が高分子製なのです。

　有機半導体の発電効率は現在のところシリコン太陽電池に及びません。しかし有機太陽電池の付加的な長所を考えると、コストパフォーマンス的にペイするのでは、といわれています。フィルムのように薄いプラスチック太陽電池が出現するのも近い話でしょう。

太陽電池の発電原理

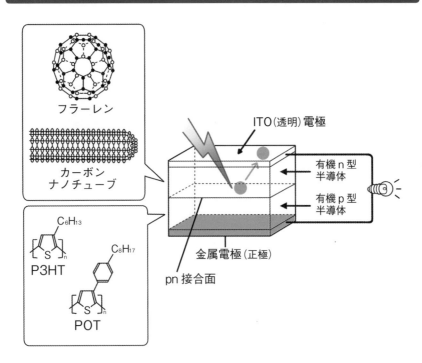

8-7

電気で発光する高分子
（有機EL）

　電気を通すと発光する高分子、それが発光性高分子です。薄型テレビは液晶型とプラズマ型の二種類が覇を競ってきましたが、最近第3の有機ELテレビが勢力を伸ばしています。この有機ELテレビに使われているのが発光性高分子なのです。

▶▶ 有機ELとは？

　ELはElectro Luminescence の略であり、電気で起こる蛍光という意味です。ELは、元々は発光ダイオードなどの名前で無機物のELが先行開発され、現在では信号や長持ち省エネ電球などとして家庭にも入り込んできています。

　有機ELはそれを有機物で行おうというものであり、有機ELテレビはそれをテレビに応用しようというものです。日本では実用が遅れていますが、海外では既に携帯電話の画面などに積極的に応用されています。

　有機ELの原理は、蛍光灯の原理とほとんど同じことです。低エネルギー状態（基底状態）にある有機物にエネルギーΔEを与えると、そのエネルギーを利用して高エネルギー状態（励起状態）になります。しかし励起状態は不安定なので、先ほどのエネルギーΔEを放出して元の基底状態に戻ります。

　この一連のエネルギー移動において、有機物に与えられるエネルギーが電気エネルギーであり、放出されたエネルギーが光となったのが電気発光であり、有機ELなのです。

▶▶ 発光プラスチック

　問題は、放出されるエネルギーがいつも光となるとは限らないということです。むしろ、熱エネルギーとなってしまうことが多いのです。放出エネルギーが熱となるか光となるかは、分子構造の微妙な違いに基づくのであり、電子雲の形、分子骨格の剛直さ、他の分子との間の分子間力の程度など、多くの要素が絡んできます。

　そのため、全く新しく作った分子が発光するかどうかを理論的に予測することは困難です。ですから分子設計は、発光することがわかっている分子を元に、それの誘導体を作るという方向に進むことが多くなります。

　図に発光する高分子を示しました。有機化合物の合成法は非常に進歩していますから、作ろうと思った分子は、理論的に不安定なことがわかっているもの以外は、ほとんど作ることができます。ですから、分子骨格を変えることによって発光光の色を制御することも可能です。図に示した赤、青、緑は光の三原色であり、これを用いればカラーテレビの色は自由に出せることになります。

有機ELの原理

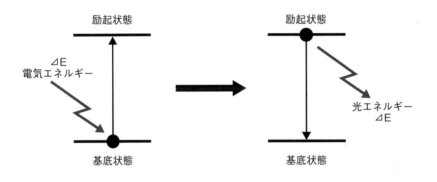

発光する高分子

青　　　　　　緑　　　　　　赤

第8章　機能性高分子の種類と性質

電気で音を出す高分子
（圧電特性）

　高分子に電圧をかけ、電気的配向を一定方向に偏らせたものを圧電素子と呼びます。このような高分子は電池のような発電、あるいはスピーカーのような発音素材として利用することができます。

▶▶ 圧電素子の作製

　水分子は酸素がマイナスに、水素がプラスに荷電していました。分子にはこのように荷電した分子がたくさんあり、一般に極性分子、あるいはイオン性分子と呼ばれます。分子が極性を持つ理由は色々ありますが、大きな原因は水の場合のように、原子には電子を引き付けるものと、放出するものがあるということです。

　酸素と炭素が結合してC=O結合（カルボニル基）を作ると、酸素がマイナス、炭素がプラスに帯電して極性が発現します。このような結合が高分子にも存在することは既に見た通りです。

　このような高分子でフィルムを作ります。これを温めて柔軟にした上でフィルムに電圧をかけます。すると高分子の分子は電圧に従って配向を揃えます。この段階でフィルムを冷却すると、分子の極性が一方向に揃ったフィルムができます。これを圧電素子といいます。

▶▶ 圧電素子の利用

　圧電素子に圧力をかけて変形させます。すると圧力によるひずみエネルギーが電気的ひずみを生み、そのエネルギーを解消するために電流が発生します。これを測定すれば素材にかかるひずみエネルギーを定量的に評価することができます。

　反対に圧電素子に電流を流します。すると、電流を流すために分子の極性方向を変化させようとする力が発生します。これはフィルムの振動として現れます。つまりこれはスピーカーのコーン紙の振動と同じことであり、音として現れます。

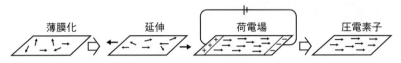

圧電素子の作製

薄膜化　　延伸　　荷電場　　圧電素子

フィルム形成時に双極子モーメントを電場の元で配向させる

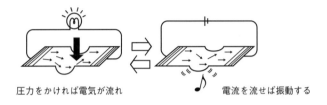

圧力をかければ電気が流れ　　電流を流せば振動する

COLUMN　誘電損失

　極性の強い高分子で電線の被覆材を作ったとしましょう。電流が流れると高分子の分子は電流に沿うように向きを変化します。電流が交流だったとしましょう。交流は1秒間に50回も60回も向きを変えます。その都度分子が向きを変えたのでは大変です。分子振動や回転で熱を発生し、それは送電に伴う電力ロスとなります。

　しかし、この特質は高分子のフィルムコンデンサーとして利用されています。このように高分子には色々の性質があり、色々に使われているのです。

▼誘電損失の仕組み

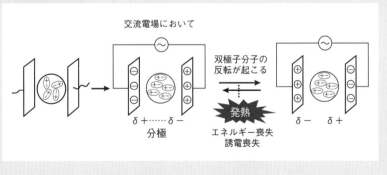

交流電場において

双極子分子の反転が起こる

発熱

エネルギー喪失
誘電喪失

δ＋……δ－
分極

δ－　δ＋

第8章　機能性高分子の種類と性質

8-9

光で固まる高分子
（光硬化性樹脂）

　　液体状の高分子に紫外線を照射すると固体になるものを光硬化性樹脂といいます。歯科医や印刷所で盛んに使われています。

▶▶ 光による熱硬化性樹脂作成

　　二重結合を持つ高分子に紫外線を照射すると、2本の高分子鎖が互いの二重結合の位置で4員環を形成して結合します。これは2本の高分子鎖がこの位置で架橋構造を作って結合したことを意味します。

　　分子内にいくつかの二重結合を持つ高分子が何本も集まってこの反応を行うと、多くの高分子鎖が鎖の途中で結合し合い、集団全体に網目構造が張り巡らされることになります。この分子構造は熱硬化性樹脂の三次元網目構造と同じです。つまりそれまで液体だった熱可塑性高分子が、紫外線を照射されるだけで、ガッチリと形を保ち、決して軟かくなったり、変形したりすることのない熱硬化性高分子に変身したのです。液体が石に変化したようなものです。

▶▶ 用途

　　光硬化性樹脂の用途の1つは歯科医の虫歯治療です。まず虫歯の部分を削り取って孔を空けます。次にこの孔に液体状の光硬化性高分子を流し入れます。液体ですから孔の形の通りに流れて入ります。次に紫外線を照射します。すると高分子はそのままの形で固化してしまうので、完全な詰め物となり、この一回の治療だけで治療完了です。

　　印刷分野でも使われています。金属基盤の上にゼリー状の光硬化性高分子を置きます。その上に写真のネガ（陰画）フィルムを置きます。ネガですから、本来黒いところが透明、白いところが黒くなっています。

　　この状態で光を照射すると、ネガフィルムの透明な部分だけが光を通すので、そ

の下の光硬化性高分子だけが硬化します。この後に全体を溶媒で洗浄すると、硬化した部分だけが溶けずに残ります。

　この状態は印刷の活字と同じです。この状態の表面にインクを塗布して印刷すれば、ネガフィルムの透明部分、すなわちポジフィルム（写真）の黒い部分だけが黒く印刷され、写真印刷が完成します。この技法はフォトレジストと呼ばれ、印刷業界で広く利用されています。

光による熱硬化性樹脂の作製

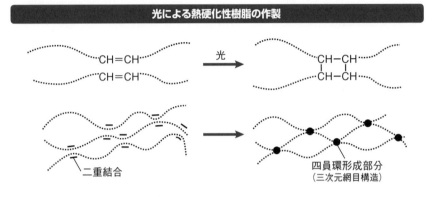

光硬化性樹脂の印刷分野での活用

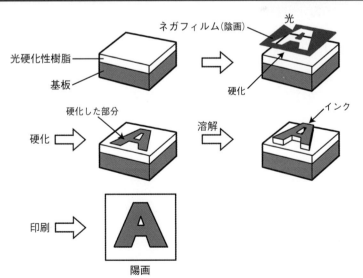

形状記憶高分子

　自分の本来の形を覚えていて、加熱されると元の形に戻る高分子を形状記憶高分子といいます。例えば、円盤状のプラスチック板をドライヤーで加熱すると自分で勝手に変形してスープ皿になる。そのようなプラスチックです。

▶▶ 形状記憶

　上の例の円盤状のプラスチック板は、加熱されることによってたまたま偶然にスープ皿形に変形したのではありません。このプラスチック板は、以前はスープ皿だったのです。ところが無理に変形されて円盤状になっていたのです。速く元のスープ皿に戻りたいと思い続けていたのに違いありません。ところが円盤は硬くて、思うように変形できなかったのです。それが暖められたことによって軟らかくなったので、このときとばかりに自分の昔の形を思い出し、その形に戻ったのです。

　つまり、このプラスチック板は、昔の自分の形状を記憶していたのです。そのため、このような高分子を形状記憶高分子といいます。

▶▶ 形状記憶のメカニズム

　形状記憶高分子が形状を記憶するメカニズムは三次元網目構造にカギがあります。ただしこの網目構造は熱硬化性高分子ほどガッチリした構造ではありません。その形状記憶のメカニズムは次の通りです。

　① まず、緩い網目構造の高分子でスープ皿を作ります。この時点でこの高分子はスープ皿の形を記憶したことになります。

　② 次にこのスープ皿を加熱して軟らかくします。

　③ これをプレスして円盤にします。そして冷却するのです。冷却された高分子は硬くなるので、形状は円盤のままに固定されます。しかしこの状態では、高分子は仕方なく円盤になっているだけです。

④ この円盤を加熱します。すると柔軟になりますから、高分子はヤレヤレとばかりに元のスープ皿に戻るというわけです。

　形状記憶高分子は色々なところで用いられています。ブラジャーのカップの形を保持する縁の素材もこの高分子でできています。ブラジャーを洗濯するとカップの形は崩れます。しかしこれを身に着けると体温でこの素材が自分の本来の形、すなわち美しい円形を思い出し、その形に戻るというわけです。

形状記憶高分子の仕組み

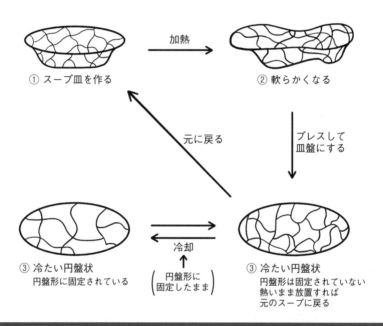

① スープ皿を作る　→ 加熱 →　② 軟らかくなる

元に戻る

プレスして皿盤にする

③ 冷たい円盤状
円盤形に固定されている

冷却

③ 冷たい円盤状
円盤形は固定されていない
熱いまま放置すれば
元のスープに戻る

(円盤形に固定したまま)

形状記憶高分子の活用

洗濯 → 装着

8-11

接着剤の種類と性質

　2つの物体を糊で接着するという技術は大昔から利用されてきました。昔は糊として飯粒のようなデンプン、ニカワのようなタンパク質など、天然素材が使われて来ました。現代では多くの金属同士の接着など、昔は考えられなかった素材間の接合が接着で行われています。

▶▶ 接着の原理

　接着における接着剤の働きとはどのようなものなのでしょう？　それには2つの説があります。

　1つは物理的なもので、アンカー（錨）法といわれます。どのように平滑な面でも原子レベルで見れば必ず凸凹があります。軟らかい液体状の糊はこの凹み部分に入り込み、その後固化します。すると、両方の物体をまるで錨で繋ぎ止めたように固定するという説です。

　もう1つは化学的なもので、接着剤が物体の表面にある分子や原子と化学結合をして、この化学結合の力で両方の物体を繋ぎ止めるというものです。

▶▶ 実際の接着剤

　現在の接着剤の接着方法は、物理的な働きによるものと考えられています。その接着力は非常に強力で、スペースシャトルの外壁に貼る断熱タイルも接着剤で固定されています。

木工ボンド

　これはポリ酢酸ビニルの微粒子を水に混ぜた（懸濁）ものです。水が蒸発すると高分子の粒子が融合して固化し、アンカーの役を果たします。ただし固化した後、また水に接すると固化した糊は元の懸濁状態に戻るため、接着力はなくなって、接合部分は離れます。

瞬間接着剤

接着剤の本体は高分子になる前の単位分子です。この分子はシアノアクリレート1といわれ、空気中の水分H_2Oと反応して双極性の化合物2となります。2はもう一分子の1を攻撃して3なります。このような重合反応によって高分子が完成します。このように物体表面の凹みに入り込んだまま固化して強力なアンカーになります。

熱硬化性樹脂

硬化する前の熱硬化性樹脂を塗り、接着する両面を合わせた後、加熱して熱硬化性樹脂にします。強い接着力が得られます。

接着の原理

アンカーモデル　　　　　　　　　化学結合モデル

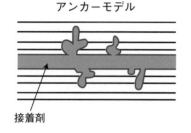

接着剤

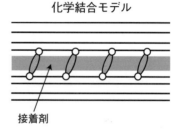

接着剤

接着剤の化学式

CH₂=C　CN
　　　C-OR　　H₂O
　　　‖
　　　O

シアノアクリレート
1

H₂O-CH₂-C⁻　CN
　　　　　C-C-OR
　　　　　‖
　　　　　O
2

CH₂=C　CN
　　　C-OR
　　　‖
　　　O
1

HO-CH₂-C-CH₂-C
　　　　CN　　CN
　　　　CO₂R　CO₂R
3

難燃剤

　合成繊維は衣服に使われると同時に、カーテン、ソファー、ベッド、高級壁紙、天井クロスなど、住宅のあらゆるところに使われています。火事が起きた場合に最初に火が移るのは天井であり、壁であり、カーテンです。火事に強い住宅を作るには、このようなありふれた場所の耐燃性を考えなければなりません。

　燃えにくいという難燃繊維はありますが、これらの多くは普通の合成繊維に難燃剤というものを混ぜた、あるいはコーティングしたものです。ということを承知の上で、機能性高分子の項目の1つに難燃剤を入れてみました。

　繊維の燃焼を防ぐには

① 吸熱剤で炎から伝わる温度を下げる。

② 繊維の表面に熱伝導を抑える断熱層を形成する。

③ 高分子が燃焼するときに発生する低分子ラジカルを補足する。

などの手段が考えられます。

▶▶ 無機系難燃剤

　$Al(OH)_3$や$Mg(OH)_2$は熱によって脱水反応を起こし、水を発生します。この反応は吸熱反応なので、周囲の熱を奪い、同時に発生する水蒸気で可燃性ガスを希釈する効果があります。

▶▶ リン系難燃剤

　トリフェニルホスフェート (TPP) やトリクレジルホスフェートなどのリン酸エステルは、酸素原子を含む高分子の燃焼時に脱水剤として働き、炭化被膜の形成を促す上に、生じた炭化被膜の更なる酸化をリンが抑制します。更に生じたポリリン酸の被膜が酸素の拡散を防ぐため、燃焼の拡散を防ぎます。

▶▶ ハロゲン系難燃剤

　高分子は燃焼するときに燃焼熱よって多くの低分子ラジカルを発生します。このラジカルが未燃焼の高分子に反応して更に多くの低分子ラジカルを発生するという具合に、火災はネズミ算的に低分子ラジカルを手がかりに広がってゆきます。

　火災を防ぐにはこの低分子ラジカルの発生を抑えなければなりません。ハロゲン系難燃剤は高温で分解してハロゲンラジカルを生成します。このハロゲンラジカルが低分子ラジカルを補足して火災の広がりを防ぎます。

　このため、難燃剤の炭素-ハロゲン原子結合は弱くて切れ易いものほど消化には有効といわれます。各結合の結合エネルギーは、C-F>C-Cl>C-Br>C-Iの順となっているため、ヨウ素化合物が最も有効と考えられています。

難燃剤の仕組み

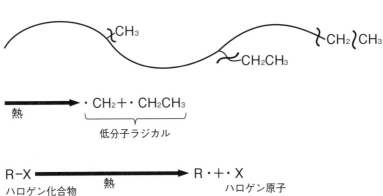

第8章 機能性高分子の種類と性質

MEMO

第**9**章

天然高分子の種類と性質

　自然界に存在する高分子を天然高分子といいます。代表的なものに、デンプンやセルロースなどの多糖類、アミノ酸からできたタンパク質、あるいはDNA、RNAの核酸など多種類のものが存在します。生命体は天然高分子からできているといってよいでしょう。

多糖類の単位分子

高分子は科学的に作ったものだけではありません。自然界にも存在します。それを天然高分子といいます。天然高分子の多くは生体の中に存在して生体の体を作り、体の動きや遺伝を司る物質として重要な働きをしています。天然高分子には主なものとしてデンプンやセルロースに代表される多糖類、タンパク質、核酸（DNA）などがあります。順に見ていくことにしましょう。

▶▶ 単糖類

多糖類は高分子ですから単位分子がたくさん共有結合したものです。多糖類の場合には単位分子は単糖類です。単糖類には多くの種類がありますが、よく知られたものとしてはグルコース（ブドウ糖）、フルクトース（果糖）、ガラクトースなどがあります。

単糖類が2個結合したものを二糖類といいます。二糖類にはグルコースが2個結合したマルトース（麦芽糖）、グルコースとフルクトースが結合したスクロース（ショ糖、一般名：砂糖）、グルコースとガラクトースが結合したラクトース（乳糖）などがあります。

▶▶ α-グルコースとβ-グルコース

多糖類としてよく知られるのはセルロースやデンプンです。これらはその名前の通り、多くの単糖類であるグルコースが結合してできた高分子です。

問題はグルコースの構造です。グルコースは6個の炭素からできた化合物であり、普通は6個の原子が環状に繋がった六員環構造で書かれますが、実はその構造は溶液中では決まっていません。あるときには鎖状グルコースB、次の瞬間には環状のα-グルコースA、そして次の瞬間には環状のβ-グルコースCというように、次々と色々な形を取ります。AとCは立体異性体の関係になります。

つまりグルコースはA、B、C、三種の化合物の混合物なのです。そしてこのよう

に互いに変化し合うことのできる化合物の混合物を一般に平衡混合物といいます。この場合、気を付けていただきたいのは、AもBもCも「実際に存在する分子」だということです。決してAとBとCの中間、あるいは平均のような「一種の化合物」が存在するわけではないということです。

よく間違われるのは共鳴です。ベンゼンの場合には構造DとEが両頭の矢印で結ばれます。この場合は、DもEも実際には存在しません。存在するのはDとEの中間、あるいは平均の様な一種の化合物だけです。矢印の形に気を付けてください。

単糖類の構造

α-D-グルコース(ブドウ糖)　フルクトース(果糖)　ガラクトース

スクロース(ショ糖)　マルトース(麦芽糖)

α-グルコースとβ-グルコースの構造

A　α-グルコース　B　鎖状構造　C　β-グルコース

D　ベンゼン　E

グルコースの作る多糖類

多糖類の種類はたくさんありますが、最もよく知られたものは、私たちの食品、栄養素として不可欠のデンプンと、植物の体を作り、木材として建築素材に欠かせないセルロースです。この二種は異なる多糖類ですが、それを作る単位分子は両方ともグルコースなのです。

▶▶ オリゴマー

多糖類は高分子ですから、何百何千という単糖類が結合したものです。しかし、そんなに多くはないものの、数個というほど少なくもないという中途半端な個数の単位分子が連なった分子もあります。そのようなものを一般にオリゴマーといいます。

10個足らずのグルコースが環状に結合したものをシクロデキストリンといいます。シクロデキストリンの形は底の抜けた桶というか、底の抜けた風呂桶のような円筒です。

シクロデキストリンはその環構造の中に他の分子を取り込んで超分子を作る性質があります。この性質を利用して練ワサビの香り成分が抜け出さないように保持するなどの目的で使われたり、各種の化学反応の反応場として利用されたりします。

▶▶ デンプンとセルロース

グルコースが結合して多糖類になるときには環状の構造を通って結合します。従って、α-形かβ-形を通って結合することになります。このとき、α型のグルコースでできた高分子がデンプンであり、β形のグルコースでできたものがセルロースなのです。

従って、デンプンでもセルロースでも、体内に入って消化分解されれば全て同じように3種の分子が混じったグルコースになり、同じように栄養源になるはずです。問題は私たちの体内にある消化酵素です。この酵素はα-グルコースからできた結合は分解できますが、β-グルコースからできた結合を分解することはできません。

そのため、私たち人間はセルロースを分解できないので、草や木材を消化吸収できないという悲しい現実に向かい合うことになるのです。将来セルロースを分解できる腸内細菌を私たちの腸内に培養できるようになったら、私たちの食生活は更に多様に、更に豊かなものになることでしょう。

シクロデキストリンの構造

デンプンとセルロースの構造

デンプン
（アミロース）

α-グルコース

セルロース

β-グルコース

多糖類の立体構造

デンプンは単一の単位分子、α-グルコースからできた天然高分子です。しかしその構造には、直線状のものと枝分かれ状のものがあり、直線状のものも一直線ではなく、らせん状になっています。

▶▶ アミロースとアミロペクチン

デンプンには2つの物質、アミロースとアミロペクチンがあります。アミロースはグルコースが直線状に繋がったものであり、前項でデンプンとして紹介した構造を長く延長したものです。

一方、アミロペクチンはところどころに枝分かれ構造を持っています。アミロペクチンもデンプンですからグルコースはα型です。枝分かれのところでは環状構造から飛び出した側鎖のCH_2OH部分を使って結合しています。コメの場合、もち米はほぼ100%がアミロペクチンですが、普通のご飯にするうるち米は20%ほどのアミロースを含んでいます。もち米の粘りはアミロペクチンの側鎖が互いに絡み合うことで生じます。

▶▶ デンプンのらせん構造

アミロースは直線状の分子ですが、立体的に見るとらせん構造を取っています。それも規則的ならせんで、グルコース分子およそ6個で一巻きするらせん構造です。

このようなデンプンを溶かした溶液にヨウ素I_2を加えると、らせんの中にヨウ素分子が入り込みます。その結果、デンプン溶液に青から赤の色が現れるのがヨウ素デンプン反応といわれるものの原理です。この溶液を暖めると分子運動が激しくなり、ヨウ素がらせん構造から脱出するので色が消えます。

▶▶ α-デンプンとβ-デンプン

デンプン分子は互いの間に水素結合を作って何本もが固まって結晶状態になって

います。この状態を β -デンプンといいます。これに水を加えて加熱すると水素結合が切断されて結晶状態が崩れて軟らかくなります。これを α -デンプンといいます。

　生のコメは β -型であり、それを炊いたご飯は α -型になっています。α -型を水分存在下で冷却するとまた β -型に戻ります。これが冷や飯の状態です。α -型は消化され易く、β -型は消化されにくいといわれます。戦国時代に武士が携帯食にした焼米やパンは水分がないので α 型に固定されており、冷えても β 型に戻ることはありません。

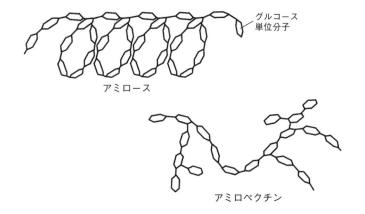

アミロペクチンの構造

α-グルコース

アミロペクチゲン

デンプンのらせん構造

グルコース
単位分子

アミロース

アミロペクチン

第9章　天然高分子の種類と性質

ムコ多糖類

　健康を促進するサプリメントとしてたくさんの種類の物質が出回っています。その中でよく聞く名前に、コラーゲン、キチン、ヒアルロン酸、コンドロイチン硫酸、ムコ多糖類、etc.などがあります。これらはタンパク質であるコラーゲンを除けば全て多糖類です。いわばデンプンの仲間なのです。これを見ても、多糖類が生体の中でいかに重要な役割を果たしているかがわかります。

▶▶ グルコサミン

　前項でグルコースの構造を見ましたが、その側鎖のCH_2OH部分が酸化されてカルボキシル基$COOH$になったものをグルクロン酸といいます。

　またグルコースのヒドロキシ基OHの1個がアミノ基NH_2に換わったものをグルコサミンといいます。一般にアミノ基を持つ化合物をアミンといいますが、グルコースがアミンになったのでグルコースアミン、グルコサミンになったというわけです。そしてこのアミノ基が酢酸CH_3COOHと反応（アセチル化）してできたものがアセチルグルコサミンです。

▶▶ ムコ多糖類の構造

　グルクロン酸、グルコサミン、アセチルグルコサミンは全て単糖類です。そしてムコ多糖類というのはアセチルグルコサミンを単位分子の1つとしてできた多糖類のことをいいます。各種のムコ多糖類と、それを構成する単糖類の種類を表にあげました。

　要するに、ムコ多糖類とはアミノ基を持つグルコース、すなわちグルコサミン、アセチルグルコサミンを含む多糖類全般のことをいうのです。

　これらの単糖類、多糖類は、グルコースを原料にして私たち自身が作ることのできるものです。つまり私たちはデンプンを始めとして、タンパク質、脂質などの基本的な栄養素を満足に摂取していれば自分の体内で作ることのできるものばかりで

す。多種類の食品をバランスよく取っていればあえてサプリメントに頼る必要はないでしょう。

　キチンはカニなどの甲殻類の殻にふんだんに含まれており、最近はそれを健康要素以外の工業的な素材に使う例が多くなってきました。

ムコ多糖類の構造

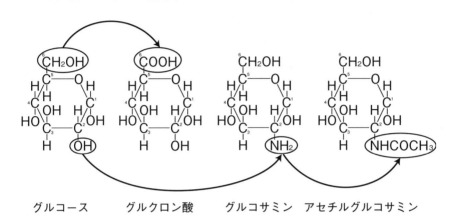

グルコース　　　　グルクロン酸　　　　グルコサミン　　アセチルグルコサミン

ムコ多糖類の種類と成分

	名前	成分
	デンプン	グルコース
	セルロース	グルコース
ムコ多糖類	キトサン	グルコサミン
	キチン	アセチルグルコサミン＋グルコサミン
	ヒアルロン酸	アセチルグルコサミン＋グルクロン酸
	コンドロイチン硫酸	アセチルグルコサミン＋グルクロン酸＋硫酸

9-5

タンパク質

　タンパク質は筋肉や贅肉になって焼き肉のオニクになるだけではありません。生化学反応を支える酵素、DNAの遺伝情報を実現させる酵素として全ての生物の生命を支えています。その上ウイルスの核酸を収納する容器としても働いているのです。

▶▶ アミノ酸

　タンパク質は天然高分子の一種です。単位分子はアミノ酸ですが、人間の場合、その種類は20種類もあります。

　アミノ酸では、1個の炭素に適当な置換基R、水素H、アミノ基NH_2、カルボキシル基COOHと、4個の置換基が結合しています。このように、1個の炭素に互いに異なる4個の置換基が結合した炭素は一般に「不斉炭素」と呼ばれ、このような分子は光学異性体を持ちます。

　光学異性体は立体異性体の一種であり、右手と左手の関係のように互いに鏡像関係にあるものをいいます。アミノ酸ではそれぞれをD体、L体と呼びます。光学異性体は互いに異なる化学物質ですが「化学的性質」は全く等しいという特徴があります。そのため、アミノ酸を人工的に合成するとD体とL体の1：1混合物（ラセミ体）が生成します。

　ただし光学異性体の「光学的性質」と「生理的性質」は互いに全く異なります。特に生理的な性質は、片方は恵み深い薬なのに片方は忌まわしい毒物というくらい異なることがあります。

▶▶ ポリペプチド

　先に見たナイロンと同じように、2個のアミノ酸は互いのアミノ基とカルボキシル基の間でアミド化という脱水縮合反応を起こして結合することができます。ただし、アミノ酸の間のアミド化反応は、アミド化といわずにペプチド化といい、2個の

アミノ酸が結合したものをジペプチドといいます。

　この反応を繰り返すといくらでも多くのアミノ酸を結合することができます。このようにしてできた高分子をポリペプチドといいます。この場合、20種類のアミノ酸のうちのどれがどのような順序で結合したかが重要であり、これを特にタンパク質の一次構造、あるいは平面構造といいます。

　しかし、ポリペプチドがすなわちタンパク質だということではありません。ポリペプチドの中で特別な条件に適したものだけがタンパク質と呼ばれるのです。そのための条件は立体構造です。タンパク質ではその立体構造が非常に重要な役割を演じます。

アミノ酸の構造

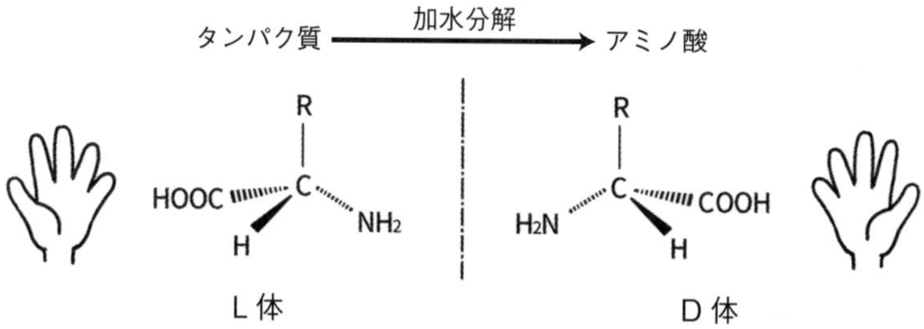

タンパク質 ─── 加水分解 ───→ アミノ酸

L体　　　　　　　　　　　　　　　　D体

ポリペプチドの構造

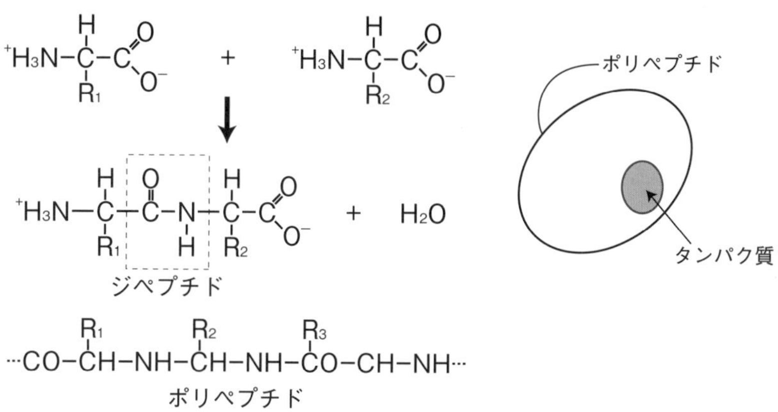

ジペプチド

ポリペプチド

$$\cdots CO-\underset{R_1}{CH}-NH-\underset{R_2}{CH}-NH-CO-\underset{R_3}{CH}-NH\cdots$$

ポリペプチド

ポリペプチド

タンパク質

タンパク質の立体構造

「タンパク質」という名前は「ポリペプチド」のうち、生体において特定の機能を果たしているものだけに付けられた「称号」のようなものです。タンパク質が与えられた機能を果たすためには立体構造が絶対です。タンパク質の立体構造、それはYシャツを畳むように厳重なルールに従うものであり、それに逆らうと機能を果たせなくなります。つまりタンパク質ではなくなるのです。タンパク質の立体構造は、二次構造から四次構造までの三段階に分けて考えることができます。

▶▶ タンパク質の二次・三次構造

タンパク質の立体構造は「単位立体構造」の組み合わせになっています。この単位立体構造を二次構造といい、αヘリックスとβシートの二種類があります。αヘリックスはらせん構造であり、ポリペプチド鎖が右ネジ方向にねじれています。βシートはポリペプチドの部分鎖が平行に並んだ部分であり、全体的に見ると平面状になっています。

タンパク質全体の立体構造は、いくつかのαヘリックス構造とβシート構造が連結することによってできています。この連結部分をランダムコイルといいます。そして、この全体の立体構造をタンパク質の三次構造といいます。

▶▶ タンパク質の四次構造

普通のタンパク質の立体構造は三次構造で完成です。しかし、中には更に複雑な立体構造を持つものもあります。その1つが、哺乳類の赤血球中にある酸素運搬タンパク質であるヘモグロビンです。

ヘモグロビンは微妙に構造の異なる2種類のタンパク質、αタンパク質とβタンパク質が2個ずつ、合計4個のタンパク質が集まって高次構造体を作っています。構造体ですから、4個の単位タンパク質はただ集まっていだけでなく、きちんと一定の位置関係、方向を保って集合しています。

　このように複数個の分子が集合して作る高次構造体を一般に超分子といいます。ヘモグロビンはタンパク質という高分子が作る超分子であり、その意味では次項で見るDNAに似ています。超分子を作り、維持する力はまたもや水素結合を中心とした分子間力です。このように水素結合は生命体において非常に重要な働きをしているのです。

タンパク質の二次・三次構造

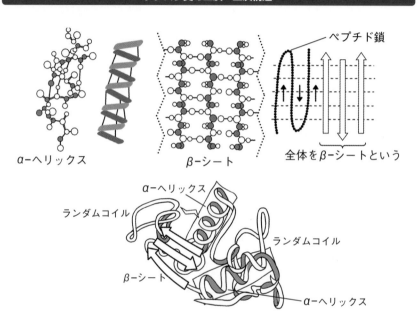

α-ヘリックス　　　　　　　　　　β-シート　　　　全体をβ-シートという

ペプチド鎖

α-ヘリックス
ランダムコイル
ランダムコイル
β-シート
α-ヘリックス

タンパク質の四次構造

β₂　　β₁
α₂　　α₁
ヘム

第9章　天然高分子の種類と性質

タンパク質の機能

タンパク質は生命を担う重要な物質です。タンパク質の機能は多岐に渡りますが、中でもよく知られているのは血液を運搬するヘモグロビンの機能と、生化学反応を制御する酵素機能でしょう。

▶▶ ヘモグロビン

ヘモグロビンは前節で見たように4個のタンパク質が集合した複雑な構造のタンパク質です。各々のタンパク質はタンパク質という高分子と、ヘムという低分子からできています。そしてそのヘムがまた有機物と金属元素の鉄からできているという複雑さです。ヘモグロビンが血流に乗って肺胞に行くと、そこで酸素がヘムの鉄イオンに結合します。酸素と結合したヘモグロビンは、血流に乗って細胞に行き、細胞に酸素を渡します。酸素を失ったヘモグロビンは空身で肺胞に戻り、新たな酸素と結合してまた細胞に届けます。

このようにしてヘモグロビンは休むことなく、細胞に酸素を届け続けているのです。黒猫のヤマト君のようなものです。

▶▶ 酵素

細胞は化学工場のようなものです。各種の化学反応が休むことなく行われています。このような反応を実験室で人工的に行う場合、酸や塩基を用いて100℃に近いような温度に加熱する必要があります。ところが細胞内では中性に近い条件で、多くの場合室温で、哺乳類でも40℃以下の温度で反応が進行します。

このような温和な条件で反応が進行するのは、酵素のおかげです。酵素はタンパク質の一種ですが、触媒と同じ役割をするものです。

▶▶ 鍵と鍵穴

図は、酵素反応における酵素Eと基質Sの働きを表したものです。

　まずEとSが反応して複合体ESが生成します。ESが生成するためには、EとS
の間に構造の一致が無ければならず、この関係はよく鍵と鍵穴の関係に例えられま
す。この状態でSが生成物Pに変化し、複合体はESからEEに変化します。その後
PとEは解離し、Eは再度Sと結合して反応を繰り返すのです。

　図は、複合体ESの結合状態です。EとSが水素結合によって合体しています。こ
のような結合状態ができることが酵素の働きの鍵になっているのです。

ヘモグロビンの構造

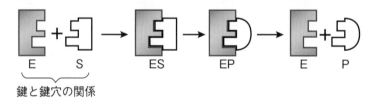

ヘム

$CH_2=HC$

H_3C

N—Fe←N

H_3C

H_3C

CH_2
CH_2

CH_3

$CH_2CH_2CO_2^-$

$CH_2CH_2CO_2^-$

ヘム—O_2

肺胞　　　　細胞

ヘム

酵素の役割

E + S → ES → EP → E + P

鍵と鍵穴の関係

酵素反応における酵素と基質の働き

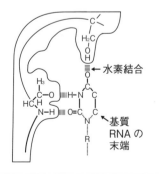

水素結合

基質
RNA の
末端

タンパク質と毒性

　昔から「毒と薬は紙一重」といいます。毒と薬は同じものだというのです。少量使えば薬になるが、たくさん使えば毒になります。酵素として生命活動を支えるタンパク質も、働き方によってはとんでもない毒物になります。昆虫や爬虫類の毒の多くはタンパク質です。

▶▶ 毒蛇の毒

　日本には三種類の毒蛇がいます。ハブ、マムシ、ヤマカガシです。咬まれた場合に命を落とす確率はハブ＞マムシ＞ヤマカガシの順ですが、単位重量当たりの毒の強さは反対にハブ＜マムシ＜ヤマカガシの順なのだそうです。

　ヤマカガシは小さいので毒の量が少なく、しかも毒牙が小さく、その上、口の奥にあるので咬まれても注入される毒の量は少ないといいます。それに対してハブは大きくて毒牙も立派であり、その上攻撃的なので咬まれた場合に被害が大きくなるというわけです。

　毒蛇の毒はアミノ酸の結合したタンパク毒であり、構造解析された例ではわずか60個ほどのアミノ酸でできていることがわかりました。そしてその部分構造は何種類かのヘビで共通となっています。

▶▶ 刺す魚の毒

　魚類の毒にはフグ毒のように身の部分にあって、食べると被害にあうものと、棘の部分にあって刺されると痛い目にあうものがあります、このような肴に刺された場合に、民間療法としてよくいわれるのが火傷をしない程度の熱いお湯に患部を漬けるということです。

　これはあながち理由のないわけではありません。刺す魚の毒は多くの場合タンパク毒です。タンパク質が機能を持つためには立体構造が大切ですが、この立体構造は複雑なだけにデリケートで、少しの外部条件の変化で不可逆的に破壊されます。

これをタンパク質の変性といいます。ゆで卵をいくら冷やしても生卵に戻らないのと同じです。

　2枚のグラフからわかるように、酵素は機能を発揮するのに最適の温度、pH条件があり、その条件を外れると機能が弱くなるだけでなく、変性して酵素としての働きを失ってしまいます。

　マムシ酒のように、毒蛇を酒に漬けるのも同じことです。ヘビのタンパク毒がアルコールで変性して毒性を失うのです。ただしフグの毒のテトロドトキシンはタンパク毒ではないので変性することはありません。

エラブウミヘビ毒のアミノ酸配列

N L V Q F⁵ S N V I Q¹⁰ C N L K G¹⁵ S R A S Y²⁰

H Y A D Y²⁵ G C Y C G³⁰ A G G S G³⁵ T P V D E⁴⁰

L D R C C⁴⁵ K I H D N⁵⁰ C Y G E A⁵⁵ E K M G C⁶⁰

Y P K W T⁶⁵ L Y T Y E⁷⁰ S C T D T⁷⁵ S P C D E⁸⁰

K T C C Q⁸⁵ G F V C A⁹⁰ C D L E A⁹⁵ A K D F A¹⁰⁰

R S P Y N¹⁰⁵ N K N Y N¹¹⁰ I D T S K¹¹⁵ R C K¹¹⁸

※1個のアルファベッドが1個のアミノ酸に相当する

タンパク毒の変性

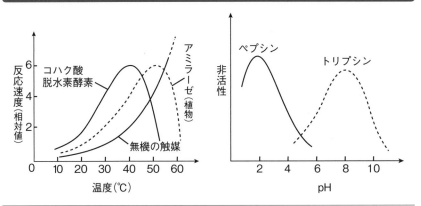

DNA

生物の遺伝を司るのは天然高分子である核酸ですが、核酸にはDNAとRNAがあります。DNAは母細胞の遺伝情報を娘細胞に渡すものであり、2本のDNA鎖が互いにねじれ合って二重らせん構造となっています。

▶▶ 1本のDNA鎖の構造

DNA鎖は4種類の塩基と呼ばれる単位分子からなる高分子です。単位分子は糖とリン酸が結合した「基部」に「塩基部分」が結合したものですが、この塩基部分に4種類があり、どの塩基が結合するかによって4種類の単位分子になります。

核酸の単位分子は一般に塩基と呼ばれます。単位分子は各々の基部で結合して高分子となるので、DNA鎖は基部が結合してできた基本鎖に塩基が結合した形になります。

塩基部分はプリン塩基といわれるアデニン（A）、グアニン（G）と、ピリミジン塩基といわれるシトシン（C）、チミン（T）です。過剰に摂取すると痛風の原因になるといわれるプリンはこのプリン塩基です。

単位分子はどの塩基と結合しているかによってそれぞれA、G、C、Tの記号で表されます。DNAはこの4種の単位分子が固有の順序で結合したものですが、この順序が遺伝情報になっているのです。

▶▶ 二重らせん構造

DNAの二重らせん構造というのは、らせん構造をした2本のDNA高分子鎖が重なっていることをいいます。これは2本のDNA高分子鎖がキチンとした構造体を作っているのであり、典型的な超分子です。2本のDNA鎖を組み合わせている力はまたしても水素結合です。

図Aのように、4種の塩基は互いに水素結合によって結び付きますが、その水素結合を作ることができるのはA-T、G-Cの組み合わせに限ります。A-GやA-C、ある

いはA-Aの組み合わせでは水素結合はできません。つまり二重らせんを構成する2本のDNA分子の塩基は何でもよいというわけではなく、必ず「相補的な関係」になっています。この関係をわかり易いように図Bに模式的に示しました。この関係は人形焼の「型」と「製品」の関係と見ればよいでしょう。型を見れば製品がわかり、製品を見れば型がわかります。

DNA鎖の構造

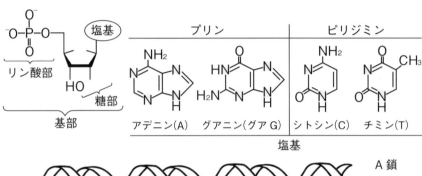

アデニン（A）　グアニン（グア G）　シトシン（C）　チミン（T）

塩基

DNA 二重らせん

A 鎖

B 鎖

二重らせんの構造

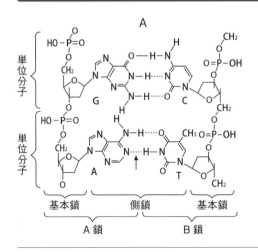

A 鎖　　B 鎖

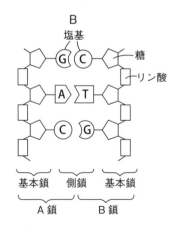

A 鎖　　B 鎖

DNAの分裂と複製

DNAは化学的に見れば単なる高分子に過ぎませんが、生物学的に見れば、遺伝という生物にとって最も崇高な場面を支配しています。

▶▶ 遺伝の本質

遺伝とは親と同じ形質を次世代に発現させることです。そのためには親と同じDNAを娘に譲り渡せばよいのです。これが遺伝の本質です。つまり細胞の分裂に際して、母細胞のDNAがどのようにしてその化学構造を次世代の娘細胞に伝えることができるのか？　ということです。

その本質の部分は二重らせん構造を取る2本のDNA分子鎖がその二重らせん構造を解体（分裂）して1本ずつになり、それぞれを手本にして新しいDNA分子鎖を2本作り、結果的に元の二重らせんDNAと全く同じものを2個作る（複製）という過程にあります。

▶▶ 分裂と複製

細胞分裂をするときには、元（旧）の二重らせん構造のDNAに酵素（DNAヘリカーゼ）が付着して、二重らせん構造を端から順にほどいてゆきます。すると、完全にほどけて2本のDNA分子鎖になるのを待たず、ほどけた部分のDNA分子鎖それぞれに酵素（DNAポリメラーゼ）が付着して次々と新しい（新）DNA分子鎖を形成します。

このときに、元のDNA分子が鋳型の役を果たすのです。つまり、前項でDNAの単位分子はA-T、G-Cの間でだけ有効な水素結合を作れることを見ました。すなわち、DNAポリメラーゼは元のDNAに接合できるDNA単位分子だけを選択して新DNA分子鎖を作るのです。このような操作を続ければ、元のDNA分子鎖に相補的な新しいDNA分子鎖を作成することができることになります。

つまり。母細胞の二重らせんDNAを作るDNA分子鎖を旧A鎖と旧B鎖とする

と、複製するときには旧Ａ鎖を元に新Ｂ鎖ができ、旧Ｂ鎖を元に新Ａ鎖ができます。そして旧Ａ鎖と新Ａ鎖、旧Ｂ鎖と新Ｂ鎖は同じものですから、旧Ａ鎖-新Ｂ鎖、旧Ｂ鎖-新Ａ鎖の二重らせんは結局旧Ａ鎖-旧Ｂ鎖の二重らせんと同じものとなり、二重らせんDNAが複製されたことになります。

遺伝の本質

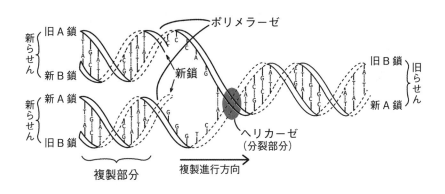

分裂と複製

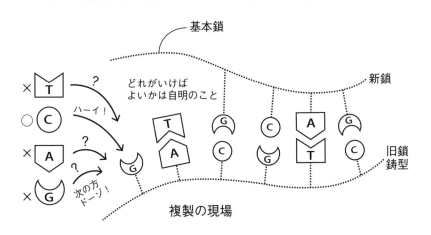

遺伝情報とRNA

　遺伝情報というのは、髪が黒いとか目が大きいということではありません。その人固有のタンパク質群、つまり酵素群の目録とその設計図のことです。DNAが指定するのはタンパク質の構造だけなのです。個人の形質や性質はそのタンパク質が酵素として固有の働きをすることによって初めて現れるのです。

▶▶ コドン

　DNAの機能は大きく分ければ2つあります。1つは母細胞から娘細胞に遺伝情報を伝えるということです。遺伝というのは、「特定の（酵素）タンパク質のセット」を次世代に伝えるということです。その伝えられた「タンパク質セット」がいわば「特定の職人集団」となって「個性あふれる個人」を作ってゆくのです。

　従ってDNAの遺伝情報はタンパク質の設計図、要するに「20種類しかない」アミノ酸をどのような順序で結合するか、に尽きます。これをDNAは3個の単位分子の順序で指定します。これをコドンといいます。単位分子（塩基）はA、G、C、Tの4種類が存在しますから、コドンの種類は$4^3 = 64$個となります。これで20種のアミノ酸を識別するのですが、いくつかのコドンが同じアミノ酸を指定するとすれば、重複の問題は解決されます。

▶▶ RNA作成

　DNAのもう1つの機能とは核酸RNAを作ることです。DNAの遺伝情報のうち、遺伝に必要な部分を遺伝子といいますが、これはDNAの5%ほどといわれます。残りの95%は遺伝に必要のないものであり、可哀そうにジャンク（ガラクタ）DNAと呼ばれます。

　RNAはDNAの遺伝子の部分だけを繋ぎ合わせた核酸なのです。作り方はDNAの複製に似ています。二重らせんDNAの片方にRNAポリメラーゼという酵素が付着して、遺伝子部分を次々と複製してゆきますが、ジャンク部分は複製せずに飛ば

します。そして遺伝子部分になるとまた複製を再開します。DNAからRNAを作ることを転写といいます。

　1本のDNAに何個ものRNAポリメラーゼが付着し、同じ方向に転写しながら進んでゆきますから、最初のものほど長くなり、まるで何本ものひもがぶら下がった様な形になります。

▶▶ RNAは1本鎖

　このような作成法なので、RNAはDNAと違って二重らせん構造にはなっていません。二重になっていれば、後で核酸の構造を検査する酵素が複製の間違いを指摘して修復することができます。しかし、RNAでは検査の仕様がありません。つまり間違って複製された核酸がそのまま、新しい個体を作ってゆくのです。

　ウイルスの核酸は多くの場合RNAだけです。新型コロナウイルスもそうです、このため、ウイルスは突然変異を起こし易いということになるのです。

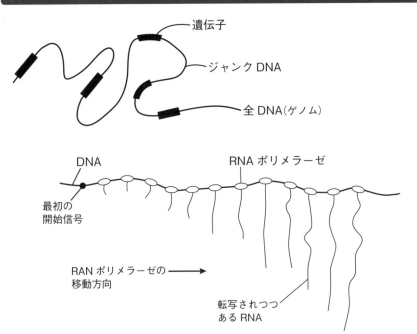

DNAの作成

遺伝子

ジャンク DNA

全 DNA（ゲノム）

DNA

RNA ポリメラーゼ

最初の
開始信号

RAN ポリメラーゼの
移動方向

転写されつつ
ある RNA

第9章　天然高分子の種類と性質

核酸とタンパク質合成

RNAの役割はDNAの遺伝情報に従ってタンパク質を作ることです。

▶▶ コドンとアミノ酸

DNAにおける3個の塩基の組み合わせをコドンというといいました。一組のコドンは一種のアミノ酸に対応しています。塩基は4種ありますから、その任意の3個の組み合わせは$4^3 = 64$種あることになります。しかしアミノ酸は20種しかありません。従って一種のアミノ酸を指定するコドンは少なくとも3種あることになります。

RNAは細胞小器官のうちリボソームでタンパク合成を行います。RNAには、アミノ酸の配列順序を指定するメッセンジャーRNA、mRNAと指定されたアミノ酸を「タンパク質合成会場」に連れて来るトランスファーRNA、tRNAがあります。

リボソームがmRNAのコドンを読み取って「アミノ酸Yさんドーゾ」と声をかけます。この呼び声を聞くとYさんの係りのtRNAがYさんを会場に連れてきます。すると控えていた酵素が先に居たアミノ酸のXさんにYさんを結合します。その後tRNAはYさんから外れてまた新しいYさんを探しに行きます。

▶▶ 立体構造の構築

このようにしてDNAの遺伝子部分のコドン情報に従ってアミノ酸が結合し、タンパク質の一次構造、つまり平面構造が完成します。しかしこれではまだタンパク質ではなく、ポリペプチドの状態です。ポリペプチドをタンパク質に"昇級"させるためには、正確な立体構造を作らなければなりません。

アミノ酸の個数の少ない簡単な構造のタンパク質なら、一次構造ができた時点で自動的に折り畳まれて固有の構造になります。この場合にはO⋯H、N⋯H、S⋯Hなどの水素結合による"ピン止め"が大きな効果を発揮します。

しかし大きくて複雑な構造のタンパク質の場合には外力で強制的に折り畳むこと

が必要になります。そのような場合にはシャロンタンパク質と呼ばれる一種の酵素のようなタンパク質が機能します。

コドンとアミノ酸

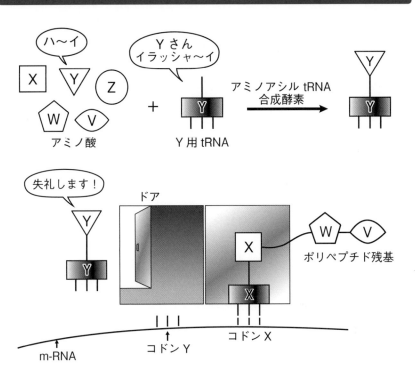

立体構造の構築

遺伝子組み換えと遺伝子編集

DNAは化学物質ですから化学反応を行います。結合を切断することも、新しい結合を作ることも自由自在です。このような手法を使ってDNAを操作することを一般に遺伝子工学といいます。

▶▶ 遺伝子組み換え

あるDNAに他のDNAを組み込むことを遺伝子組み換えといいます。酵素の一種に制限酵素というものがあります。制限酵素はDNAを切断する酵素ですが何百種もあり、それぞれDNAの特定力所を切断することが知られています。そのためこれを使うとDNAの望みの部分を切り取ることができます。この切り取った部分DNAを、他のDNAの切断力所に継ぎ足すこともできます。

化学的にいえば何ということもない高分子の反応ですが、生物学的に見るとトンデモナイ反応です。魚から取り出した部分DNAを犬のDNAに組み込んだら水中で呼吸できる水中犬ができるかもしれません。ギリシア神話にあるような半獣半神のキメラの誕生も可能かもしれません。こうなると生物学的な話では済まなく、倫理に絡む問題になります。ということで、遺伝子組み換え技術は世界中どこの国でも厳重な管理の下に置かれています。

しかし、強力な除草剤と、それに耐性を持つように遺伝子組み換えをされた穀物種子のセット販売も行われ、遺伝子組み換え作物は世界中に広く流通しています。

▶▶ ゲノム編集

ゲノムとはDNAに仕舞われている遺伝情報の全てのことをいいます。ですから簡単にいえばゲノム＝DNAです。ゲノム編集というのは、DNAを編集することです。「編集」の定義は明確ではありませんが、簡単にいえば文章を削ったり、順序を入れ替えたりすることです。

「ゲノム編集」は「遺伝子組み換え」に対立する言葉として用いられていますが、

その場合に重要なことは、ゲノム編集では「他のDNAの一部または全部を組み込むことはしない」ということです。従ってできることは「DNAの邪魔な部分を取り去る」か、「遺伝子の順序を変更する」などのことだけになります。つまりキメラができる可能性は排除されます。これは昔から行われてきた交配と同じことだということでゲノム編集に対する管理は弱いものになっています。

　既にタイやフグにある、筋肉の増大化を抑制する遺伝子を排除する操作が行われ、その結果肉量が何割増しかになったマッチョダイやフグが誕生しています。あるいは特定の栄養素を豊富に持った特養野菜なども誕生しているようです。

遺伝子組み換えの仕組み

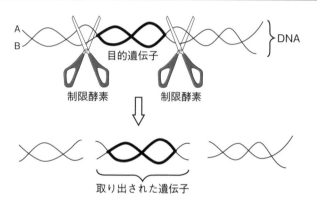

ゲノム編集の可能性

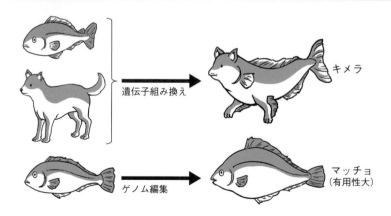

MEMO

高分子は環境のために
何ができるか？

環境汚染が大きな社会問題となっています。高分子もその
一員とされています。高分子公害を防ぐためには「3R」と言
われる手段が有効とされます。しかし高分子は砂漠の緑化、
水道水の汚濁浄化など、環境改善のためにも役立っています。

環境と高分子

　私たちは地球という小さな惑星に住んでいます。直径1万3千kmしかないこの星に77億の人間が住んでいます。汚してしまったら取り返しのつかないことになってしまいます。しかし今地球上には色々の環境問題が起きています。残念ながら高分子もその一因になっているようです。

▶▶ 丈夫で長持ち

　プラスチックの長所は丈夫で長持ちということですが、これが裏目に出ています。不要になって環境に放置されたプラスチックが何時までも環境中に存在し続けているのです。その結果、問題が起こります。1つは環境の美観を損ねることです。もう1つは人間以外の生物に迷惑をかけることです。ビニールフィルムをウミガメなどが食べて満腹になった結果、摂食障害で亡くなります。釣糸に海鳥が引っかかる、などの被害も出ています。

▶▶ 燃焼廃棄物

　不要になったプラスチックを燃やせば、地球温暖化の原因と考えられる二酸化炭素が発生します。更には燃焼によって有害物質が生じる可能性があります。

　ポリ塩化ビニルなどのように塩素を含む物質と有機物を一緒にして400℃以下の低温で燃焼するとダイオキシンが発生することが知られています。そのため日本中のゴミ焼却施設の稼働温度は軒並み800℃以上に引き上げられています。しかしダイオキシンの有害性は疑問視されているようです。

▶▶ ナノプラスチック

　最近問題になっているのはナノプラスチックです。これは直径1mm以下のプラスチックの微粒子です。特に問題になるのは普通のプラスチック製品が海洋に流れ出し、波間を漂ううちに壊れてできるものです。

　これを海洋の小動物が食べると満腹になって摂食障害を起こします。更にナノプラスチックは重さの割に表面積が大きいので、その表面に色々な化学物質を吸着します。そのため、生物による化学物質吸収を促進する可能性があります。生物が吸収した汚染物質が食物循環を通して生物濃縮され、やがて私たち人間の中に濃縮されることになります。

プラスチックが抱える問題

ダイオキシン

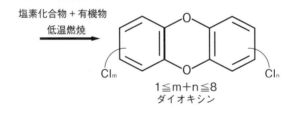

塩素化合物 + 有機物
低温燃焼

$1 \leqq m+n \leqq 8$
ダイオキシン

プラスチックによる海洋汚染のイメージ

10-2

高分子の3R

高分子が環境に及ぼす影響を少なくするには環境に出回る高分子の量を減らせば よいのです。そのために提唱されるのが3R、つまりReduce（節約）、Reuse（再使 用）、Recycle（回収）です。

▶▶ マテリアルリサイクル

節約、再使用はいうまでもないことです。いらないプラスチックは使わない、これ はレジ袋の廃止などで象徴されることです。再使用はペットボトルの使い回しなど ですが、食品では衛生面を考えると難しいようです。でも、洗剤の詰め替え、レー ザープリンターのトナーの詰め替えなど、実践されているものもたくさんあります。

リサイクルは製品を原料に戻して再使用しようというものです。

リサイクルには3種の方法があります。マテリアルリサイクルはその1つで、高 分子に限っていえば、プラスチック製品を元のプラスチック原料に戻して再加工し、 新たな製品にするということです。

つまり、廃プラスチックからプランターを作るようなものです。混合物のプラス チックから良質のプラスチック原料を得ることは難しく、製品の品質は落ちざるを えません。

▶▶ ケミカルリサイクル

高分子であるプラスチックを化学的に分解して単位分子に戻し、改めて高分子化 させるというものです。しかし分解も再合成も化学反応であり、化学反応には多く の溶媒、試薬、エネルギー、労力が必要です。その上、化学反応を行えば新たな公害 が発生する可能性もあります。この方法は化学研究的には魅力がありますが、現実 的ではないようです。

▶▶ サーマルリサイクル

　廃プラスチックを燃やしてしまおうというものです。でも、ただ燃やしてオシマイというものではありません。燃やすことによって発生するエネルギーを資源と考えて有効に使おうというものです。最も原始的で最も単純な考えですが、それだけに最も現実的な考えです。

　問題は発生するエネルギーの有効利用です。現在では熱エネルギーは、高熱であればあるほど有効に利用できます。それをもっと低い温度のエネルギーをも有効に使う技術が開発されればサーマルリサイクルは盛んになるでしょう。

　プラスチックを燃やせば二酸化炭素が発生しますが、プラスチックを燃料にすればその分、化石燃料の燃料としての使用量が減るわけですから結局同じということもできます。

高分子が抱える環境問題を解決する3R

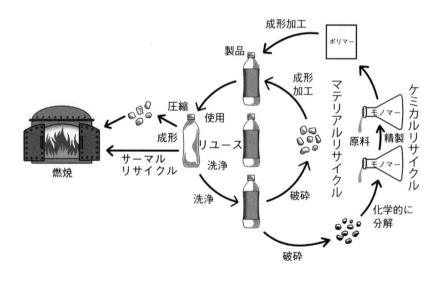

第10章　高分子は環境のために何ができるか？

環境保全と高分子

環境問題はたくさんありますが、その多くに関わっているのが化学です。しかし、その環境問題を解決する能力を持っているのも化学です。高分子の環境問題も同じです。高分子化学は高分子の関連する環境問題を解決するために知恵を絞っています。その1つが環境で分解され易い高分子の開発です。

▶▶ 高分子と細菌

高分子は必要以上に頑丈だなどと悪口もいわれますが、天然高分子も高分子です。デンプン、セルロース、タンパク質は自然界に放置されれば、腐って消滅し、次世代の生物のための食料、肥料として立派に再生しています。この例を見れば、合成高分子を分解され易い構造に変化させることは難しい話ではないことがわかります。

高分子を分解する方法は熱、光、薬品、色々ありますが、開発されたのは天然高分子と同じように微生物によって分解されるもので、一般に生分解性高分子といわれます。生分解性高分子は高分子が単位分子に分解されるだけでなく、その単位分子が更に細菌によって分解されて最終的には二酸化炭素と水になるというものです。

いくつかの例を表にあげました。乳酸は植物を乳酸発酵して作ることができます。乳酸を原料とするポリ乳酸をとうもろこしで作った場合、実7粒から25μ厚さのA4版フィルム1枚ができるといいます。

ポリヒドロキシブタン酸は細菌によって合成される物質です。ですから原料を石油などの化石燃料に頼る必要がありません。細菌が作った原料を用いて合成し、不要になったらまた細菌によって分解する、というのはこれからの環境と調和する化学にとって1つの方向を示しているものかもしれません。

▶▶ 強度

しかし、分解され易いということは耐久性が低いということです。生分解性高分

子それぞれの生理食塩水中での半減期を示しました。短いものでは2〜3週間で半分になってしまいます。このプラスチック容器に漬物を保存するのは止めた方がよいでしょう。

　しかし、それぞれ用途はあるもので、このプラスチックは糸にして手術の縫合糸に使われます。この糸は体内で分解されて吸収されてしまうので、抜糸のための再手術が不要であり、患者に負担をかけないというわけです。しかし、耐久力は低いので、心臓や大動脈関係の手術のように、機械的強度を必要とする傷口の縫合に使うことはできません。

　今後、生物による分解だけでなく、紫外線によって容易に分解される高分子が出てくると、環境に放置されたプラスチックの問題も解決されることでしょう。

高分子を分解する細菌の例

名称	原料	構造	生理食塩水中半減期	用途
ポリグリコール酸	$HO\text{-}CH_2\text{-}\overset{\displaystyle O}{\overset{\|}{C}}\text{-}OH$	$\left(CH_2\text{-}\overset{\displaystyle O}{\overset{\|}{C}}\text{-}O\right)_n$	2〜3週間	縫合糸
ポリ乳酸	$HO\text{-}\overset{\displaystyle CH_3}{\underset{\|}{C}}H\text{-}\overset{\displaystyle O}{\overset{\|}{C}}\text{-}OH$	$\left(\overset{\displaystyle CH_3}{\underset{\|}{C}}H\text{-}\overset{\displaystyle O}{\overset{\|}{C}}\text{-}O\right)_n$	4〜6カ月	容器衣類
ポリヒドロキシブタン酸	$HO\text{-}\overset{\displaystyle CH_3}{\underset{\|}{C}}H\text{-}CH_2\text{-}\overset{\displaystyle O}{\overset{\|}{C}}\text{-}OH$	$\left(\overset{\displaystyle CH_3}{\underset{\|}{C}}H\text{-}CH_2\text{-}\overset{\displaystyle O}{\overset{\|}{C}}\text{-}O\right)_n$		釣糸漁網

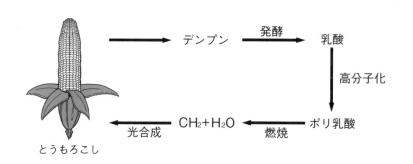

10-4

環境浄化と高分子

　高分子は自分が環境問題の元凶になるのを避ける止めに頑張っていますが、そのような消極的な姿勢だけではありません。幅広い環境問題を自らの手で解決しようと努力しています。そのような積極的な環境浄化の例を見てみましょう。

▶▶ キレート高分子

　日本における四大公害は第一、第二水俣病、それと富山県で起きたイタイイタイ病、三重県で起きた四日市ゼンソクです。このうち四日市ゼンソク以外の3つは重金属イオンである水銀イオンHg^+（水俣病、第二水俣病）と、カドミウムイオンCd^{2+}（イタイイタイ病）によるものでした。

　これらの原因は要するに有害な金属イオンM^{n+}です。このような有害金属陽イオンを他の無害な陽イオンに換えることができるのが先に見たキレート高分子です。汚染水をこの高分子で処理することによって有害金属を除くことができます。

▶▶ 高分子凝集剤

　河川や湖沼の水を上水道に用いる場合に生じる基礎的ともいえる問題は水の透明度です。透明度が低いのは水中に非沈殿性の不純物が混入しているのです。普通は砂の間を通すなどして除くのですが、なかなか困難な場合もあります。そのような場合に不純物を効率的に除去するのが高分子凝集剤です。

　透明度を落とす元凶はコロイド粒子といわれるものです。これらの存在する水に高分子で作った凝集材を加えると、それを中心にして高分子が凝集し、不純物を沈殿させてくれます。

▶▶ 砂漠の緑化

　山紫水明の美しい国に住んでいる日本人には実感できないことですが、現在地球が抱えている最大の問題は地球の砂漠化といってもよいでしょう。既に地球の表面

籍の4分の1は砂漠です。最も広いサハラ砂漠の面積は日本の25倍もあります。その上、毎年日本の面積の3分の1ずつ増えていっているのです。

　ここで活躍するのが先に見た高吸水性高分子による砂漠の緑化です。砂漠の砂の下に埋めた高吸水性分子が給水やスコールの水を溜めて、植物に与え続けるのです。砂漠化の進行を食い止めることができたら嬉しいことです。

キレート高分子の役割

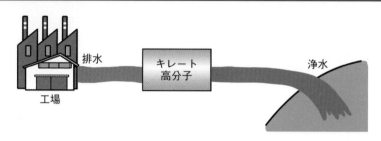

排水　キレート高分子　浄水
工場

高分子凝集剤の仕組み

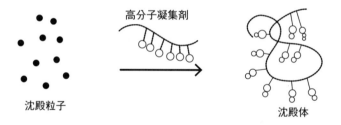

高分子凝集剤

沈殿粒子　　　　　　　　　　　　沈殿体

砂漠の緑化に使われる高分子

高吸水性高分子

砂

10-5

エネルギーと天然高分子

　現代社会はエネルギーの上に成り立っているとはよくいわれます。しかし本当は
それどころではありません。私たちの社会どころか、生物としての私たち自身が生
きていられるのがエネルギーのおかげなのです。高分子は物体のプラスチックとし
て私たちを助けてくれるだけではありません。私たちが生きている生命エネルギー
は高分子から貰っているようなものなのです。

▶▶ 太陽エネルギーの保存と変換

　地球上に緑滴る自然が存在し、多くの生命体が平和に生存できるのは太陽のおか
げです。恒星である太陽は自らのうちに水素原子をヘリウム原子に変換するという
原子核融合反応を行い、そのエネルギーを熱、光エネルギーとして地球に送ってく
れます。

　しかし私たち動物はそのエネルギーを直接利用することはできません。最初に受
け取るのは植物です。植物は太陽の光エネルギーを用いて、光合成によって天然高
分子である糖類を作ります。つまり、デンプン、セルロースなどの糖類は太陽エネル
ギーの缶詰なのです。

　草食動物はこのデンプンを食べ、体内で化学反応を行うことで生命活動を担うエ
ネルギーを獲得します。肉食動物はその草食動物を食べてエネルギーを得ます。つ
まり、全ての生物は植物が光合成によって作り出した糖類という高分子によってエ
ネルギーを得て、それによって生命活動を行っているのです。地球に生命が存在す
るのは植物という天然高分子のおかげなのです。

▶▶ 化石燃料

　色々の弊害はいわれますが、現代社会が天然ガス、石油、石炭などの化石燃料の
上に成り立っているのは否定のしようのないことです。化石燃料を燃やして出る燃
焼エネルギーを電気エネルギーなどに変換して社会システムを動かしているのです。

　石油の起源に関しては色々の説がありますが、有機起源説に従えば、化石燃料は太古の生命体、すなわち天然高分子が地圧、地熱によって変性したものということになります。

　すなわち、化石燃料を使うということは太古の高分子の亡骸を使うということであり、高分子の呪縛から離れることはできないのです。

　しかし、化石である限り、その埋蔵量には限度があります。天然ガスと石油の可採埋蔵量は60年分、石炭が110年分ほどといわれます。現在のペースで消費し続けると、今後1世紀もすると深刻なエネルギー不足に陥りそうな気配です。

太陽エネルギーの保存と変換

光

デンプン
（天然高分子）

セルロース
（天然高分子）

草食動物

いただきまーす

肉食動物

いただきま〜す

化石燃料の仕組み

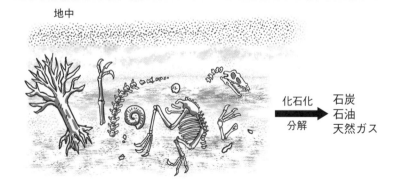

地中

化石化
分解

石炭
石油
天然ガス

10-6

エネルギーと合成高分子

　18世紀の産業革命以来、人類はエネルギーを化石燃料に頼って来ました。しかし化石燃料も残り少なくなり、更に化石燃料特有の弊害も現れてきた現在、化石燃料に代わるエネルギー源の模索が必要となってきています。各界で各様の試みが行われています。そのようなとき、高分子も手をこまねいていることはできません。合成高分子も貢献すべく努力しています。

▶▶ 固体高分子型燃料電池

　次世代型電池として期待されているのが水素燃料電池です。これは、水素ガスH_2を酸素O_2と反応して燃焼させ、その燃焼エネルギーを電気エネルギーに換える装置です。

　図において水素ガスH_2は負極でプラチナPtなどの触媒によって水素イオンH^+と電子e^-に分解します。H^+は電解質溶液中を通って陽極に達し、一方e^-は外部回路（導線）を通って陽極に達します。このe^-の移動が電流になります。

　陽極に達したH^+とe^-は再結合して水素原子、水素ガスとなり、陽極で待ち構えていた酸素と触媒の力で反応して水H_2Oとなります。この方式では電解質溶液という液体を使います。しかし液体を使うと取り扱いに不便です。そこで登場するのがイオン交換型高分子のフィルムです。このフィルムは、イオンは通しますが電子は通しません。そのため、個体型の水素燃料電池ができるのです。

▶▶ 高分子型有機薄膜太陽電池

　現在の家庭用太陽電池は全てがシリコンSiを用いたものです。シリコンに少量の不純物を混ぜてp型半導体とn型半導体とし、これらと電極を重ねたものが太陽電池です。

　しかし太陽電池に使うシリコンは高純度のものが要求され、価格が高くなります。そこで開発されたのが有機物を使う有機薄膜太陽電池です。ここではp型半導体、n

型半導体それぞれを有機物で作ります。すると製造が容易になり、価格が下がり、しかも軽量、柔軟とメリットがたくさん出てくるのです。

　ここで高分子が活躍するのはp型半導体です。図に示したような各種の高分子半導体が開発、使用されています。目下のところ、有機系太陽電池の発電効率はシリコン型に劣りますが、それを補うだけのメリットがあるため、既に市販され、各所で使用されています。今後、ますます活躍することでしょう。

固体高分子型燃料電池の仕組み

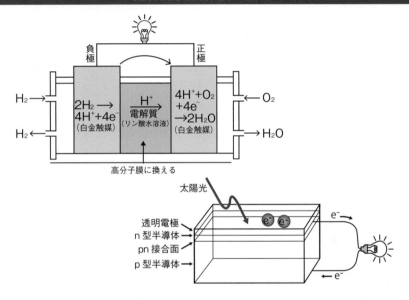

p型半導体とn型半導体

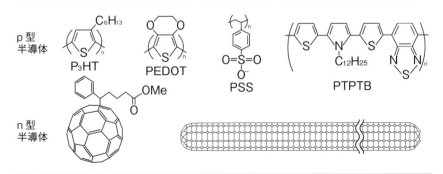

国際社会とSDGs

最近SDGs（エスディージーズ）という言葉がよくニュースに載ります。SDGsは社会の仕組みからエネルギー問題、環境問題、全てを含めた国連の世界に対する呼びかけです。高分子化学もSDGsの理念に沿うように努力することが大切です。

▶▶ SDGsとは

SDGsはSustainable Development Goals（持続可能な開発目標）の略です。SDGsは2015年に国連で採択されたものであり、その名前の通り、ゴール（目標）を表すものです。つまりSDGsは17個のグローバル目標と、それぞれのグローバル目標に10個ずつほどの、ターゲット（達成基準）を組み合わせた全部で169項目からの目標からなる、いわば全世界的な「努力目標」の「集大成」のようなものであり、その基本理念は「持続可能」でなければならないということです。要するに、『将来につけを回すことなく、現代を潤す』ということです。

▶▶ SDGsの目標

SDGsの17のグローバル目標のうち、高分子化学に関係しそうなものは以下のもののようです。

⑥ 安全な水とトイレを世界中に…「水と衛生の管理を確保する」

⑦ エネルギーをみんなに、そしてクリーンに…「安価かつ信頼できる持続可能な近代的エネルギーへのアクセスを確保する」

⑨ 産業と技術革新の基盤を作ろう…「持続可能な産業の促進」

⑫ 作る責任使う責任…「持続可能な生産消費形態を確保する」

⑬ 気候変動に具体的な対策を…「気候変動及びその影響を軽減する」

⑭ 海の豊かさを守ろう…「海洋・海洋資源を保全する」

⑮ 陸の豊かさも守ろう…「陸域生態系の保護、回復」

ここに出てくる目標は、目標であると同時に、恵まれない環境に置かれた人々の

救いを求める声でもあるのでしょう。

▶▶ SDGsに対する各方面の取り組み

　SDGsは国家や政府、研究機関だけでなく、民間企業も含めて文字通り世界の全ての人たちが課題解決に主体的に取り組むことを求めています。特に各機関、企業がそれぞれの本業を通じて目標達成に取り組むことが重要であると示唆しています。これは高分子研究体は高分子研究を通じて貢献するようにといっているわけです。

　SDGsは、簡単にとっつきにくいほど遠大な目標ですが、それを達成するのは必ずしも壮大な計画である必要はないのです。足元を見つめて、できることから一歩一歩始めていく。その繰り返しが社会の持続的発展に繋がってゆくということなのです。

SDGsと高分子化学

SDGs の
17 の持続可能な
開発目標

ハハーっ!

第10章　高分子は環境のために何ができるか？

SDGsと高分子

SDGsは日常活動のあらゆる分野に関わってきます。高分子化学に関して見ればエネルギー生産と環境浄化は守備範囲です。

▶▶ エネルギー生産

SDGsを見据えて日本政府は2050年までに二酸化炭素排出量を実質0にするとの大号令を発しました。二酸化炭素排出量を0にするということは、化石燃料の燃焼エネルギーを放棄するということです。

代わりのエネルギーは現在のところ、原子核エネルギーか再生産可能エネルギーしかありません。しかし、実はもう1つあります。それは水素エネルギーです。水素は燃料であり、燃えると熱エネルギーを発しますが、廃棄物は水だけです。これ以上ないほどクリーンなエネルギーです。

問題は水素ガスの入手先です。水素ガスは天然界にはないので人間の手で作り出さなければなりません。しかし、水の電気分解のように、水素ガスを発生させるにはそれに見合うだけのエネルギーが必要です。そのエネルギーをどのようにして手に入れるのか、頭の痛い問題です。

しかし、水素は現在の産業活動において廃棄物として発生しています。石炭から製鉄用のコークスを作るとき、あるいは金属と水を反応させたときにはほぼ純粋の水素ガスが発生します。また有機系廃棄物を約540℃に熱したときには、水素とメタン、二酸化炭素の混合物である合成ガスが発生します。

この水素ガスを燃焼して熱エネルギーを得るのも一法ですが、もう1つの方法は水素燃料電池を用いた発電です。先に見たように、水素燃料電池の開発、改良には高分子も貢献できそうです。

▶▶ 環境浄化

環境浄化には大きく貢献できるでしょう。まず、3Rに代表される不要プラスチッ

クの削減、回収です。次は高分子を利用した環境浄化です。これにはキレート高分子、イオン交換高分子、高吸水性高分子、高分子凝集剤の活用などがあげられます。

　また、高分子を作るのは化学反応であり、化学反応には環境を汚す可能性が十分にあります。その可能性を少なくするには、触媒を用いて反応段階を少なくする、有機溶媒の代わりに超臨界水、超臨界二酸化炭素を用いるなどの最新技術を活用するなどの工夫をすることが大切となるでしょう

超臨界水と超臨界二酸化炭素

　水を374℃、218気圧以上にすると、液体と気体の中間のような状態になります。これを超臨界水といいます。超臨界水は水の3分の1ほどの密度を持ちながら、水蒸気と同程度の分子運動を行い、有機物を溶かし、貴金属を酸化するほど酸化力が強いという特殊な力を持ちます。有機物を溶かすことから、有機化学反応の溶媒に使うことができます。有機物の使用量が格段に少なくなるので環境に優しくなります。

　二酸化炭素は31℃、73気圧という温和な条件で超臨界状態になるので、同じように反応溶媒に使われたりします。

▼超臨界水と超臨界二酸化炭素

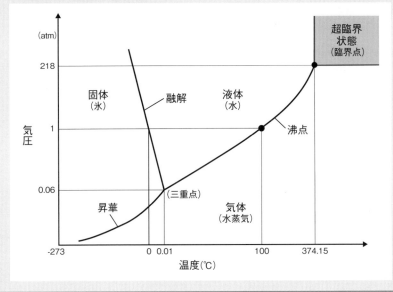

参考文献

『図解雑学 プラスチック』 佐藤 功 ナツメ社 (2001)

『図解でわかるプラスチック』 澤田和弘 SBクリエイティブ (2008)

『絶対わかる高分子化学』 齋藤勝裕・山下啓司 講談社 (2005)

『生命化学』 齋藤勝裕・尾崎昌宣 東京化学同人 (2005)

『図解雑学 超分子と高分子』 齋藤勝裕 ナツメ社 (2006)

『絶対わかる生命化学』 齋藤勝裕・下村吉治 講談社 (2007)

『高分子化学』 齋藤勝裕・渥美みはる 東京化学同人 (2006)

『わかる×わかった！高分子化学』 齋藤勝裕・坂本英文 オーム社 (2010)

『ヘンなプラスチック、すごいプラスチック』 齋藤勝裕 技術評論社 (2011)

『わかる×わかった！生命化学』 齋藤勝裕・永津明人 オーム社 (2011)

『新素材を生み出す「機能性化学」がわかる』 齋藤勝裕 ベレ出版 (2015)

『数学フリーの高分子科学』 齋藤勝裕 日刊工業新聞社 (2016)

『プラスチック知られざる世界』 齋藤勝裕 シーアンドアール研究所 (2018)

『身近なプラスチックがわかる』 西岡真由美・岩田忠久・齋藤勝裕 技術評論社 (2020)

索 引
I N D E X

索引

231

著者紹介

齋藤　勝裕（さいとう　かつひろ）

1945年生まれ。1974年、東北大学大学院理学研究科博士課程修了。現在は名古屋工業大学名誉教授。理学博士。専門分野は有機化学、物理化学、光化学、超分子化学。『図解入門 よくわかる 最新 有機EL＆液晶パネルの基本と仕組み』『美しく恐ろしい毒物の世界！ ビジュアル「毒」図鑑 200種』（弊社）をはじめ、『絶対わかる高分子化学』（講談社）、『マンガでわかる有機化学』（サイエンス・アイ新書）など、著書・共著・監修本は200冊以上。

●イラスト：箭内祐士

図解入門 よくわかる
最新高分子化学の基本と仕組み

| 発行日 | 2021年 4月10日 | 第1版第1刷 |

著　者　齋藤　勝裕

発行者　斉藤　和邦
発行所　株式会社 秀和システム
　　　　〒135-0016
　　　　東京都江東区東陽2-4-2　新宮ビル2F
　　　　Tel 03-6264-3105（販売）Fax 03-6264-3094
印刷所　三松堂印刷株式会社　　　　Printed in Japan

ISBN978-4-7980-6423-9 C0043